园林赏石艺术初论

陈鹭 ◎ 著

华夏出版社
HUAXIA PUBLISHING HOUSE

图书在版编目（CIP）数据

园林赏石艺术初论 / 陈鹭著. -- 北京 ： 华夏出版社有限
公司， 2024.8. -- ISBN 978-7-5222-0756-8

Ⅰ．TU986.4

中国国家版本馆 CIP 数据核字第 2024AZ6356 号

园林赏石艺术初论

作　　者	陈　鹭	
责任编辑	张　平　　曾　华	
责任印制	周　然	

出版发行　华夏出版社有限公司
经　　销　新华书店
印　　刷　河北尚唐印刷包装有限公司
装　　订　河北尚唐印刷包装有限公司
版　　次　2024 年 8 月北京第 1 版
　　　　　2024 年 8 月北京第 1 次印刷
开　　本　710mm×1000mm　1/16 开
印　　张　7.75
字　　数　100 千字
定　　价　68.00 元

华夏出版社有限公司　　地址：北京市东直门外香河园北里 4 号　邮编：100028
　　　　　　　　　　　　网址：www.hxph.com.cn　　　电话：（010）64618981
若发现本版图书有印装质量问题，请与我社营销中心联系调换。

目录

引　言 **/1**

一、园林赏石空间的外在性 /7

二、园林赏石体量的巨大性 /9

三、园林赏石构成的组合性 /10

四、园林赏石空间的艺术性 /10

五、园林赏石景观的天然性 /10

第一章　园林赏石构园用途 **/13**

一、起景抑景 /13

二、界定地盘 /18

三、立基建筑 /20

四、镶隅抱角 /21

五、驳岸石矶 /23

六、叠石掇山 /25

七、营造景色 /27

八、掩映花木 /33

第二章　园林赏石置景艺术 **/38**

一、借景 /38

二、框景 /44

三、漏景 /46

四、对景 /46

五、隔景 /49

六、夹景 /53

七、障景 /53

八、分景 /55
九、引景 /55

第三章　园林赏石形式美法则 **/58**
一、对比与调和 /59
二、主从与重点 /62
三、变化与统一 /67
四、对称与均衡 /67
五、比例与尺度 /72
六、节奏与韵律 /77

第四章　园林赏石美感营造 **/80**
一、形质色纹韵的品鉴 /80
二、多元要素综合艺术 /83
三、石景设立意在笔先 /93
四、景感构成诗情画意 /99
五、咫尺山林小中见大 /103
六、源于自然高于自然 /105
七、象外之象体验意境 /108
八、园林赏石紧随时代 /116

结　语 **/119**

引　言

赏石的历史十分久远。

什么是"赏石"？

赏石就是欣赏奇美的石头。石头能否被欣赏，取决于欣赏的主体——人。于是，赏石成为一种主观审美活动。石头在被欣赏之前，并不能被判定是否值得欣赏，通过被欣赏活动的筛选，才被判定是否值得欣赏。于是，欣赏过程置于被欣赏之前及之时，有无欣赏价值则置于被欣赏之后。不同的欣赏主体，对同一石头有不同的主观欣赏判断，从而产生不同的欣赏结果。

欣赏石头的什么？

欣赏石头的美，欣赏石头的奇。

其实，在美产生之前或与美同步产生的，是石头的功用价值。譬如，岩石可以用来打磨工具，矿石可以用来炼铜炼铁，这些功用价值都是在美产生之前或与美同步产生的。起初，功用价值是第一态的，美是第二态的。美感的主观色彩非常浓厚，但美感产生之后，又会逐渐固化、积累起来。例如，一首新歌，调子不同于老歌。人们开始听时，甚至觉得有些刺耳。但听的次数多了，逐渐适应了，这个新的调子便也从不美跨越到美。现代音乐中的许多和弦，在古典音乐中被

认为是"不美"的，但在现代生活中则被认为是"美的"。石头也是此。于是，在欣赏石头的历史进程中，审美的视角被不断拓宽，被纳入审美范畴的石头逐渐增多。后来，第二态的美逐步上升为第一态的。这就是说，一些石头，没有任何功用价值，却也被人们发掘、欣赏。人们采撷这样的石头，目的只有一个——审美。于是，其美学价值从功用价值中独立出来、解放出来，从第二态上升为第一态。今天，被欣赏的石头的美学意义已经远远高于功用意义，人们首先是因为它的美才欣赏它。

审美的一个重要的特性就是超功利性，即人们在审美活动中超越功利价值，获得灵魂的自由。赏石活动的超越功利价值的特性，使人们在赏石活动中获得精神上的愉悦。这种愉悦是纯精神的，与吃饱肚子、品茗畅饮所获得的愉悦有很大的区别，但这种愉悦对于赏石者来说，又是必不可少的，甚至是人生中精神快感的至高境界。因为有了超功利性，赏石审美才被提高到精神生活的层次，人在赏石过程中，才能得大自在，获得超然物外的心灵享受。

可是，对石头的审美，又与对音乐、绘画的审美有所不同。审美的客体——石头，对审美过程和结果形成了一种限制。有什么样的石头，才能产生什么样的审美。不同的国度、不同的地域，出产的石头会不同，或者说，出产的石头有不同的特点，这就深深地制约了赏石审美活动。以中国园林掇石为例，江南园林掇石，多为太湖石、灵璧石、黄石等，而岭南园林掇石，则多为英石和黄蜡石等。江南园林掇石与岭南园林掇石的艺术分野，首先不在于叠石艺术家手法的不同，而在于所用材料的不同。在这材料不同的基础之上，才又形成了不同的艺术风格。艺术风格形成之后，又反过来影响材料的应用与组合。于是，虽同处岭南地区，但深圳仙湖植物园的叠石，在一些本地叠石

行家看来，却当归属于北派叠石。由此，我们期冀初步构建园林赏石艺术体系。这一体系的构建，首先需要做好结合赏石实践活动客观实际的、符合当代赏石美学特征的顶层设计。

　　一般来说，美的表现形式可以分为两种：一种是内在的，指创作者想表现的真、善的内容，即内容美；另一种是外在的，与内容不直接联系，是内在形式的感性外观表现，即形式美。形式美是指构成事物的物质材料的自然属性及其组合规律所呈现的审美特性。形式美的构成因素一般划分为两大部分：构成形式美的感性质料和感性质料之间的组合规律。这种组合规律也称为"形式美法则"或"形式美构成规律"。对石头的审美，有其内容美，但时至今日，人们更多欣赏的是它的形式美。于是，形式美法则在山石的审美中居于主导地位。

　　构成赏石形式美的感性质料主要有形、质、色、纹、韵。赏石的形式美法则主要有对比与调和、主从与重点、变化与统一、对称与均衡、比例与尺度、节奏与韵律等。在赏石艺术中，形式美法则至关重要。

　　本书讲园林赏石，那么究竟何谓"园林"？对此，专家们众说纷纭，莫衷一是①。

　　园林的诞生可以追溯到奴隶社会之前的上古时代。在古代传说中，西王母有一座瑶池②，那是她的颐养生息之所。

　　另外，据《周礼·地官》记载，中国商周时期的园林被称为

---

① 此问题参考了陈鹭著《简论园林艺术》。
② 春秋战国时期的典籍《列子·周穆王》上曾经记载："遂宾于西王母，觞于瑶池之上。西王母为王谣，王和之，其辞哀焉。乃观日之所入，一日行万里。"从中可以知道，西王母的居住地点就是瑶池。

"囿"，是供帝王、后妃、大臣及奴隶主贵族们游憩、观赏及打猎的地方。

园林的形态十分丰富，从远古的郊外猎苑，到古代的皇家园林、私家园林，到今天的城市园林、大地景观，形态越来越丰富。

园林的功能颇多，从郊外猎苑单纯的游娱功能，到古代园林讲究可观、可游、可居的综合功能，到今天城市人工环境的除游憩、娱乐、观赏外的生态功能，功能越来越复杂。

园林的类型很多，从我国古代的私家宅园、皇家苑囿、寺观园林，到西方古代的庭园、庄园、帝王园林，再到现代的城市绿地和绿地系统、城市公园、风景名胜区、地质公园、森林公园及自然保护区，类型越来越繁多。广义的城市绿地系统，不仅包括城市市区的园林绿地，还包括城市市域的绿地，如农田、林地等生态绿地及湿地。城市公园可分为综合性公园、专类公园（如植物园、动物园、儿童公园等）及居住区公园等。从平面艺术构图的角度来划分园林的类型，可分为自由式园林、规则式园林及混合式园林。

园林的规模不一，从十几平方米的小巧院落，到以数万平方千米计的国家公园，面积、体积相差很大。例如，我国云南省的三江并流风景区，规划总面积达 3 万多平方千米[①]，相当于两个北京市的面积。又如，安徽黄山风景区，精华景区面积达 154 平方千米[②]。

园林在不断与时俱进。从早先设计一个小巧的花园，到现在规划广袤的大地景观，从原本单纯地追求艺术的美感，到现在认识到生态环境建设在园林中的深刻意义，园林随着时代的发展而发展。

---

① 参《三江并流风景名胜区总体规划通过详审》，见《云南日报》2001 年 7 月 6 日。
② 参《中国旅游指南》，中华书局。

园林的建设地点也在不断拓展，从城市中的"第二自然"拓展到了人类尚未打上自己烙印的遥远的处女地，横跨城、乡、野。

我国已经启动建立和建设国家公园的工作，园林工作的范畴更加宽广了。国家公园的建立，会把风景区、自然保护区、国家地质公园、国家森林公园等统一起来，使它们纳入园林的范畴。

园林学的专业内涵很丰富，至少包括三大部分：一是园林植物，二是园林规划与设计，三是园林工程。

总之，现代园林一般是指以植物景观为特征的，以为人类提供良好居住与休闲、游憩环境为目的的，采用了技术手段和艺术手法的，包含了山石、水景、园林（景观）建筑、园路、广场的人工化的以植物群落为主体的优美的环境。

之所以说"一般"，是因为有特例。例如，沙漠公园就没有或少有植物群落，日本的枯山水园林往往没有植物群落。又如，一些原始森林公园、风景名胜区、地质公园是天然形成的，没有或者少有艺术设计的成分。还如，山石、水景、园林（景观）建筑、园路、广场未必是所有园林都有的，一些沙漠公园、海洋公园就没有园路，有些平地园林就没有山石或水景。

园林可以欣赏，那么园林赏石是什么？是在园林中赏石。首先是赏石，然后才是在园林中赏石。园林是定语，赏石是核心词。据考，中国现存最早的园林观赏石，在陕西兴平霍去病墓。

园林赏石具有赏石的一般规律，同时又有园林的特殊属性。赏石的一般规律，按照观赏石鉴评国家标准，其突出的特点在于形、质、色、纹、韵。

园林赏石的特殊属性，我们以为有如下几点。

一、园林赏石空间的外在性

园林赏石，大到地质景观，如安徽黄山的飞来石、猴子观海，广东丹霞山的阳元石，小到园中置石小品，如苏州狮子林中的置石小品，一般都在室外空间欣赏。在室外空间欣赏，就决定了这些石头往往需要经历风吹日照、霜寒雨雪的侵蚀，因此对石种就要有一定的选择，要选择那些适应外在环境的石头。太湖石、灵璧石便是能够经历

颐和园谐趣园石景

风霜日晒的石种。这些石种在质地上往往不及室内观赏石细腻，色彩也不如室内观赏石艳丽动人，但却具有相对粗犷的美感。

二、园林赏石体量的巨大性

室内赏石，空间相对狭小，为与室内家具陈设的体量相适应，所观赏的山石，体量相对较小，往往在数尺之间，小的甚至一拳可握。园林赏石则不同，为与室外建筑、植物甚至山坡、水景的体量相适应，往往几十吨一块的泰山石都算不上"体量巨大"。一座假山，高可盈丈。赏石体量的巨大性决定了园林赏石的适宜视距与室内赏石存在着明显的差异。室外赏石的适宜视角，也与室内赏石有所差异。例如，安徽黄山的飞来石，宜远距离欣赏。

安徽黄山飞来石

三、园林赏石构成的组合性

园林赏石是大尺度赏石，观赏石往往由石组、石群共同构成，小小块垒往往不能满足视觉上欣赏的需要。江南园林赏石的杰出代表苏州狮子林的假山，就是具有明显组合性特征的典型的例子。这里的假山，已经不是一块块山石的简单放置，而是由山石构成复杂的石组甚至石峰。在构置石组、石峰的过程中采用了大量的工程技术手段，形成了组合石。组合石已经成为构成园林观赏石的重要形式；掇山理石的艺术手法和技术手段，已经成为构筑园林观赏石的重要方法。

四、园林赏石空间的艺术性

在室内赏石，由于受到空间的限制，往往只欣赏某一块具体的石头。在室外赏石，由于不受空间的限制，并且景致往往由山石或者山石结合建筑、植物、水景、山形共同构成，于是它就成为一种空间艺术活动。用石来围合，构成空间，或者用石与建筑、植物共同围合，构成空间，苏州留园的石林小院是典型的例子。石林小院，顾名思义，是一处石峰林立的院落空间。在院落空间中，石与建筑、植物共同形成了丰富的空间感受，方方临虚，处处侧景，循环往复，意味无穷。园林赏石空间的艺术性，是园林赏石需要达到的重要境界。室内赏石，在群体效果的营造方面，很需要借鉴园林赏石空间营造的艺术手法，创造赏石空间的艺术性。

五、园林赏石景观的天然性

中国人天人合一的哲学思想决定了其崇尚自然的审美观。中国人对山石、水景的审美，追求"去雕饰"的天然性。山石、水景审美中之重要的一脉，就是石景的审美。中华名山大川有许多杰出的石景让人难忘，如安徽黄山嶙峋的怪石，广东丹霞山兀立的奇峰，河北磬锤峰傲然孤挺的石柱。

园林观赏石中的大多数，可称为"景石"。园林赏石本质何在？在景，在成景与得景。

中国古代园林，纳须弥于芥子，追求壶中天地、盈缩天地于胸怀。于是，其中有些石景便成为微缩的名川大山。苏州留园五峰仙馆建筑对面的掇石，便是仿照江西庐山五老峰而建造的。庐山五老峰高耸入云，而留园五老峰却高不盈丈，这便是盈缩天地于胸怀的杰出创造。

景有大有小。大尺度的石景可成为独立的景，例如堆掇的假山；中尺度的石景存在于与水景、建筑、植物、园路的结合之中，例如驳岸石矶；小尺度的石景需要近距离欣赏，例如盆景中的配石，居室内的清供等。

上面所说的都是成景。有时，石的存在更多是为了得景。例如，山顶置一巨石，登石远望可得美景。又如，跌水下置一组石汀步，让游人获得"水帘"之景。

中西赏石有什么不同？

东方赏石侧重于岩石形态的欣赏，而西方赏石则侧重于矿物晶体结构的欣赏。

限于笔者学力，本书只是对园林赏石进行"初论"，许多内容还需要未来不断加以充实。对园林与赏石的探索与研究，还需要相当长时间的努力与钻研。

河北磐锤峰傲然孤挺

第一章

园林赏石构园用途

一、起景抑景

就像戏剧需要神来之笔开篇一样，园林需要一个动人的起景，以点明主题，引人入胜。起景的构成要素很多，多半为建筑，也常用山石。北京奥林匹克森林公园入口处，一块巨大的泰山石矗立门前，点明了主题。北京通州的大运河森林公园，亦采用巨大石块立于门前，上面刻字以阐明公园的名称、主题。

中国园林讲究欲扬先抑。一处园林，如果从入口处被一眼看穿，就没有周旋回环的余地了。因此，即使再小的园林，也要有藏有露，以使园林充满趣味性。抑景，就是中国园林处理藏露关系的绝妙之笔。抑景，亦常采用山石。

中国传统园林中，门前以山石抑景的实例很多。最典型的当属苏州拙政园腰门处的抑景。该抑景采用一组大假山，将位于一条轴线上的入口腰门与整座园林的主体建筑远香堂分隔开来。绕过假山或穿过山洞，远香堂才展现在游人面前。障景假山确实起到了欲扬先抑、藏风聚气的作用。腰门的左右各有匾额通左达右，引导游人绕行。障景假山使本来局促的园林空间有了回旋的余地。

北京通州大运河森林公园入口景石

　　北京颐和园仁寿殿门前的寿星石，也是以石抑景的典型代表。抑景之石酷似老寿星，与大殿"仁寿"的主题相契合，又使大殿不至于一下子展现在游人眼前。寿星石将殿宇与入口分隔开来。绕过寿星石，眼前豁然开朗，仁寿殿展现在游人面前。寿星石在此起到了良好的障景效果。

　　苏州沧浪亭入口处，亦采用石山抑景之手法，将花园的气聚藏起来，使沧浪亭花园的景致欲露还藏。绕过抑景之石山，花园的景致逐一展现在眼前，获得了极佳的艺术效果。

　　广州南园酒家前后庭院之间，亦采用山石抑景，趣味盎然。

　　抑景景石的营造，要视距合宜，尺度精妙。视距合宜，就是采用

广州南园酒家障景假山

压缩视距的方法，使景色被较小的石景所遮掩。尺度精妙，就是石景要有一定的体量，并最终能将园内的景色遮住。

二、界定地盘

传统园林中以石界定地盘的情形比比皆是。除建筑与水景外，园林地盘大致可以分为铺装和种植两大类。铺装与种植之间的转换，往往由景石来完成。景石维护种植区域的土壤，使之固定而不易影响铺装部分的效果。

例如，苏州网师园露华馆前的花台，就由景石镶边围合而成。景石将土地与铺装分别开来，各得其用。土地上种植了芍药之类的花卉；铺装景致秀美，可供人活动。

又如，北京颐和园后山，用景石将山坡土地围绕起来，防止水土

苏州网师园露华馆前的花台，采用景石分隔地盘（葛楚天摄）

流失，保障观赏效果。同时，景石还可以保护道路的地面不被流下来的土壤侵蚀，取得了良好的护路效果。

再如，苏州留园石林小院，亦采用景石界定地盘，使铺装与种植土面各得其所。

现代园林，用山石划分地盘的情形也有，但少了很多。现代园林，更多的是采用路缘石划分地盘，分隔道路、广场和铺装与种植的界限。

划分地盘的景石，宜低不宜高，以高过土面一点点为佳。可以采用尺度体量较小的石块，镶嵌拼合而成。景石在平面上，要进退有致，形成良好的景观和空间效果。石基处，可配植麦冬、书带草之类的植物，遮掩和柔化界面。

苏州留园石林小院的景石

三、立基建筑

　　山石用作建筑立基，是丰富园林建筑艺术形式的常用手法。

　　例如，苏州网师园月到风来亭下，以黄石为基础，整个亭子坐落在黄石之上，饶有趣味。又如，苏州拙政园中的波形水廊，廊下用景石筑基，廊体回环婉转，扶摇直上，取得了独到的视觉艺术效果。

苏州网师园月到风来亭石基（葛楚天摄）

　　以景石做建筑的基础，安全为首要条件。为保证景石上面的建筑稳固千年，选石时，不应为了美观而采用多孔隙的石材，而应选取黄石等敦厚坚固的石材。即使为了艺术效果，贴附多孔隙的景石，亦要保证基础主体部分的坚固牢靠。

四、镶隅抱角

　　镶隅是指在建筑的阴角处，采用山石柔化转角的僵硬无趣，形成良好的转角空间的艺术处理手法。抱角是指在建筑的阳角处，采用山石柔化转角的单调平滞，形成良好的转角空间的艺术处理手法。在江南园林中，镶隅和抱角的手法随处可见。这些手法的应用，打破了直线的单一与无趣，使建筑的界面丰富生动起来。

　　镶隅和抱角，贵在一个"巧"字。景石的尺度宜小巧，不宜大，但要产生出变化和对比，和建筑的阴阳角线要巧合到天衣无缝，使建筑看上去仿佛生于石间，获得动人的嶙峋之姿。例如，北京北海静心斋的镶隅和抱角就妙趣横生。

北京北海静心斋
的镶隔和抱角

五、驳岸石矶

没有了水，园林就失去了灵动性。中国传统园林，没有水景的实例不多。让水和山石配合，在水岸修筑驳岸或石矶，是我国园林的常用手法。

水阴柔，石阳刚。水石相生相克，互为表里，形成中国传统园林山环水，水绕山，石景、水景相依的格局特点。水能形成动人的画面，将园景收入倒影之中，石则是这画面的裁剪者，将四季景色巧手裁出。

驳岸石矶可以分为两大类：一类是基本垂直的驳岸，另一类是层层跌落的石矶。

基本垂直的驳岸比较常见。为了避免垂直景石驳岸的单调，造景时往往讲究平面上的曲折错落，立面上的高低起伏。同时，为了打破驳岸的单调感，造景时往往种植一丛丛迎春、连翘之类的花木，让其从驳岸上垂落下来，或者种植薜荔之类的藤蔓植物，让其适当遮掩驳岸。有了这些植物的似遮似掩，驳岸的立面效果就丰富起来了。

层层跌落的石矶不多见，却是江南园林中的精彩之笔。由于园林之水多为活水，一年四季水位常常有变化，为了应对水位的变化，营造一种亲水的空间，我们的先人妙笔生花，创造了层层跌落的石矶这一水岸的形式。石矶层层跌落，涨水时，水多石少，落水时，水少石多，且露出的石矶可供游人信步登临，使游人产生亲近水景的感受。苏州的网师园、艺圃中，皆有石矶的精彩之作。

无论何种水岸处理方式，都要讲究山环水抱、阴阳相生，都要讲究起伏错落、空间变化，都要讲究花木掩映、软硬质景观相结合。

为什么江南园林多用石驳岸而不用自然土坡？概因江南多雨而湿

苏州网师园石驳岸（葛楚天摄）

苏州艺圃石矶（葛楚天摄）

润，地下水位较高，土壤含水量高，如用土坡，不能牢固。江南园林中的假山大都为石山而非土山，大约也是同样的道理。

六、叠石掇山

有人认为，假山堆掇当属中国山石景的最高技术和艺术成就。这一观点或可再做研究，暂不定论。但无疑的是，假山的堆掇确实是中国传统园林再现自然真山的重要技术和艺术成就。

理山之难，在于中国假山是画意园林同掇山技术的结合。单在艺术上，中国山水画已经将山的再现解决得很好。但是，如何用可以采撷到的山石将艺术的山再现出来，却是亘古不变的难题。古人画山，从写生不逾矩到随心所欲，创造了许多皴法。但在掇山之中，如何将这些皴法与实际能获得的材料结合起来，却十分不易。所以，从绘画到画意园林，再到掇成假山，实际上是一个艺术和技术再创作的过程。掇山师傅，就是这再创作的灵魂人物。

掇山之要，首先在于分清主次。

全园中，何为主山何为次山，需要分清。例如，北京北海静心斋大假山为主山，其余为次山。主山必须突出，占据压倒一切的地位，次山要为突出主山服务，与主山遥相呼应，做出宾辅之姿。又如，苏州网师园中，小山丛桂轩旁的黄石假山是主峰，其他山体都要为突出这主峰服务。

一座假山，也要分清主次。分清主次并不是一件容易的事情。中国画是讲究散点透视的。散点透视本身对主次关系的要求相对比较弱。所以，在江南园林的假山中，有许多奇峰并置的情形。例如，苏州留园五峰仙馆外的假山五老峰，是模仿江西庐山的五老峰而营造的，要说这五峰中究竟谁为主谁为次，恐怕争不出一个所以然。它实

际上采取的是五峰并置的手法。

湖石多孔隙，与真山的皴法存在明显的不同，所以，假山不求形似而力求神似，不求形象一致而力求意象相同。

古人所造之假山，以今人之审美考之，是否完美无缺？答曰，非也。古人所造之假山，是一两百年前甚至几百年前的作品，在艺术上和技术上都或多或少受到局限。但是，必须承认，那些经典的假山，都已达到当时艺术和技术的最高水平，从而成为掇山文化艺术的经典。

在园林中，山与石是何关系？在中国园林文化中，山与石实际上是不做分别的。"片石成山""一拳可见太华"，每块景石，都是胸中的丘壑，都是心内的大山。但中国园林又把掇山作为单独的技艺，讲究作假成真。园山就在这真真假假、假假真真之间，获得了高度的凝

苏州环秀山庄大假山（葛楚天摄）

练概括；园山就在这形象与意象、象内与象外之间，获得了艺术上的升华。得意忘象，真山是什么样子已经不再重要，能神游于假山之中，获得与众不同的美感，才是最重要的。

七、营造景色

园林是造景的艺术，园林中的诸多山石，都是为了营造景致而存在的。这些山石有其实用的功能，同时又是得景和成景的所在。

景石的得景和成景，首先在于分景手法的运用。苏州古园林中，满园皆是山石。人们首先欣赏到的是山石群体的美。山石群体的美，一望而知。但信步闲庭或驻足小立，近处的这块或这几块山石，又从满园山石中分别出来，跃入人的眼帘。于是，近距离小尺度地欣赏石头成为一种可能。但室外赏石与室内赏石不同，总体上，室外赏石尺度是大的，视距是远的，人们不会有上手把玩的冲动。

在群体和个体之间，在较大尺度和较小尺度之间，景被分离了出来。分景的原理，就是要做到"园中有园""景中有景"。景是可以分成不同层级的，具体到石景，也能分为不同层级。于是，在石景中，群体美和个体美辩证统一，达到了空前的和谐。

石景之美，并非凌乱地随便堆叠一些山石就可获得，而要通过理石的艺术创作才能达到。首先，石材本身要带有美感。如果山石本身就不美，那么再怎么创作，也创作不出美的艺术效果。其次，要通过艺术创作，特别是运用形式美法则及环境审美心理，将这些美的石材组织起来，美上加美。最后，创作者的审美艺术创作的美在欣赏者的欣赏过程中得以再现，欣赏者获得美的感受。于是，美的表现和再现，就成为审美活动成功的关键。

寸石可生情。光有景还不够，那只是娱人耳目的浅层的美感。造

景、赏景是为了生情。米芾拜石就是一个赏石生情的过程。在景的浅层的美感之上，他感到了强烈的心灵震撼，于是对眼前的山石产生强烈的情感，这是典型的触景生情的例子。在这里，情、景、境达到了高度的统一。

光生情还不够，还要获得审美的境界——意境。从得鱼忘筌、得意忘象、触景生情到阐发意境，构成了完整的审美升华的思维链条。

只有有了点睛的神来之笔，景石才能使人获得至高的艺术享受。中国画论说"五日画一水，十日画一山"。传统园林中景的营造往往不是一蹴而就的，而要通过园林主人的长期品味赏玩，不断增减，反复锤炼，最终形成点睛之景、寄情之景。

成景之例比比皆是，这里不再赘述。

得景之例，典型的一个，就是云南昆明石林峰丛之巅的望峰亭。望峰亭尽得山峰高耸之势，俯瞰整个石林景色。此处，建筑因山石而起，山石因建筑而更加高耸，山石与建筑相映成趣。

园林院落之石，有孤石单置的，亦有诸石对置、群置的。

能成为单置的孤石，概因其艺术形象十分突出，有突出的个体美感，能独立成景。例如，苏州留园的冠云峰、上海豫园的玉玲珑，本身就能独立成景，极具欣赏价值。

对置、群置的山石，对石形的要求不那么高。对置的山石，要两者互相呼应成景。中国园林讲究不对称的均衡，叫作"蹲配"，即一大一小两石在动势上互相呼应，获得均衡，如苏州艺圃圆洞门前的蹲配。群置的山石，往往通过三五石块互相呼应成景。在中国园林中，三五石块互相呼应产生美感的例子很常见，如北京北海静心斋附近群置的观赏石。尽管中国园林讲究不对称的均衡，但在规则式园林中，例如在北京故宫御花园中，也有对称布置的景石。

　　一些本来不甚美的石头，通过园林理石技艺的加工，或相互呼应，或峰林争立，或叠掇成山，从而获得了艺术上的美感，这就是对置、群置、掇叠峰石艺术魅力之所在。

苏州艺圃圆洞门前蹲配

北京北海静心斋附近群置观赏石

八、掩映花木

园林中的景石与花木的关系十分密切，它们互相掩映，妙趣横生。从某种意义上说，园林建筑的一砖一瓦易得，但花木和景石却十分难得，因为它们千姿百态、千奇百怪，没有哪两株植物或两块景石是完全相同的。

山石坚硬挺拔，是园林中的硬质景观，能起到支撑画面的作用；花木柔和婀娜，是园林中的软质景观，能起到柔化界面之类的作用。石景是四时变化的景色。虽然一块山石立在那里长年不变，但会随着四时光线之明暗而不断变化其形象。花木既是四时变化的景色，更是四季变化的景色。它们随着时间的推移，在空间上产生出变化来——花开花落，叶密叶疏。因此，景石与花木是绝配，随时间、天气等的变化，共同演绎出景色的朝暮、四季之变化。

拙政园二十五处以欣赏植物为主的景点——兰雪堂、玉兰堂、芙蓉榭、秫香馆、远香堂、海棠春坞、枇杷园、嘉实亭、玲珑馆、绣绮亭、梧竹幽居、留听阁、听雨轩、雪香云蔚亭、荷风四面亭、十八曼陀罗花馆、松风水阁、得真亭、柳荫路曲、倚玉轩、待霜亭、香洲、绿漪亭、浮翠阁、涵青亭，几乎皆有景石相配。由此可见，植物与景石关系非常密切。

苏州拙政园的枇杷园，是种植枇杷的地方。园中的主体建筑玲珑馆，卷棚歇山顶式，坐东朝西。馆内高堂正中前后分悬"玲珑馆""玉壶冰"两匾，似乎"玲珑馆"是题目，"玉壶冰"是正文。而"曲水崇山，雅集逾狮林虎阜；莳花种竹，风流继文画吴诗""林阴清和，兰言曲畅；流水今日，修竹古时"这样的楹联有点像文不对题的题跋，悬挂在"玉壶冰"两侧的柱子上。玲珑馆四周没有曲水崇山，有的只是枇杷、翠竹和芭蕉。这些绿荫在冰裂纹样的窗格上四季摇曳着，"清如玉壶冰"。有说玲珑馆因馆前原置有玲珑剔透的太湖石，故名"玲珑"。总之，玲珑馆枇杷园的植物与山石相互掩映，妙趣横生，十分得体。

苏州拙政园的绣绮亭为枇杷园北边假山上的长方亭。登高远眺是古典园林游赏风景的重要方式，私家花园尽管占地不大，但也总要设立高处的赏景小筑。绣绮亭是拙政园中部水池南边唯一的山巅亭台。在这里，向北可观望大荷花池及水中两座山岛，南看便是清静的枇杷园，西边与远香堂互为对景，东向则是海棠春坞等几组建筑。山下湖石围成的花坛中种植了多株牡丹。每当阳春三月，姚黄魏紫，娇艳欲滴。登亭四望，红花绿叶，烂漫如锦，正合杜甫"绮绣相辗转，琳琅愈青荧"的诗意。在这里，景石位于花木丛中，与花木相互掩映。

苏州拙政园的梧竹幽居是一座亭子。此亭背靠长廊，面对池水，旁有梧桐遮阴、翠竹生情。亭的绝妙之处在于四周白墙开了四个圆形洞门，洞环洞，洞套洞，在不同的角度可看到重叠交错的分圈、套圈、连圈的奇特景观。四个圆洞门既通透、采光、雅致，又形成了四幅花窗掩映、小桥流水、湖光山色、梧竹清韵的美丽框景画面，意味隽永。圆洞门中的景观是什么？小桥、山石、植物和待霜亭。花木掩映中，画面优美动人，植物与山石结合得恰到好处。

郑板桥所画的竹子，一般皆配有山石，而且由于竹子是立轴画幅，所以山石也多为竖向构图。大家纷纷赞赏郑板桥竹子画得好，却不知其画山石的艺术水平更佳。离开了郑板桥所画的山石，其竹子也会变得索然无味。所以，苏州园林讲究以墙为纸，以竹石为绘，把竹子和景石相互掩映的密切的辩证关系，交代得清清楚楚。

苏州拙政园的松风水阁，其建筑、山石、水景、松树，共同构成了一组景面。其山石与松树结合，相互映衬，美妙之处，只可意会，很难言传，同时，又表现了园主人的清高孤直。

苏州拙政园海棠春坞之一（葛楚天摄）

苏州网师园小山丛桂轩的小坞有湖石和黄石假山，山上种植了桂花，点明"小山则丛桂留人"的主题。桂花与假山搭配得很好，互相掩映，互相衬托，花开时节，香漫幽谷。

中国古代美学思想讲究"君子比德"，以自然对象之美比喻君子之美德，中国园林植物也讲究"君子比德"，就是用园林植物比喻园主人的孤直清高，所以梅、兰、竹、菊、松这类带有"四君子""岁寒三友"文人文化色彩的植物，常用来构建园林的植物景观。而梅、兰、竹、菊、松都要与景石相配，才会更美。山石同时也是表现孤直清高品格的重要元素，与园林植物一起，成为园林主人的精神寄托。

山石或露或藏，藏于花木掩映之中；花木或露或藏，藏于山石建筑之后。山石与花木互为补景，掩映成趣，取得了极佳的造景效果。

苏州拙政园海棠春坞之二（葛楚天摄）

苏州拙政园梧竹幽居（葛楚天摄）

第二章

园林赏石置景艺术

一、借景

借景是使园林空间更大、景致更加丰富的造景艺术手法。通过借，将远处的、旁边的景都收纳到自己的庭园空间内，达到小中见大的艺术效果。借景可以分为远借、邻借、仰借、俯借、应时而借、互借等。

远借。一个典型的例子，就是承德避暑山庄借山庄外磬锤峰的景色。避暑山庄造园取法自然，因山就水，集中国古代造园艺术之大成，其七十二景中有"锤峰落照"，说的就是远借磬锤峰傍晚日落时分的景致所构成的优美画面。

磬锤峰为承德名山之一。磬锤峰，犹如农妇洗衣时用来捶打衣服的"棒槌"，故又称"棒槌山"。磬锤峰山峰挺拔，海拔 596.29 米，"棒槌"高 38.29 米。磬锤峰是在长期风化作用下，岩石不断崩塌，因砂砾上下层岩性不一致，而形成了上粗下细的石挺。磬锤峰亭亭玉立，挺拔秀丽。磬锤峰与避暑山庄内的锤峰落照亭遥遥相对。

苏州拙政园中有见山楼①。见山楼近可望园中山石、水景，远可眺郊外山色。

邻借。苏州拙政园西园的山石之上有宜两亭②，是中国园林史上隔院邻借的佳例。登亭可俯观拙政园中园、西园两园③的景色。人工山石抬高了宜两亭，并使其获得俯借的视点和视角。

仰借、俯借。仰、俯都是指借景视线上的变化。从北京北海静心斋的园中向上仰望，可见大假山和爬山廊的宏伟姿态，这是典型的仰借。而建在静心斋大假山上的爬山廊，可以俯瞰什刹海的风光，这是典型的俯借。生活于宫闱之中的帝后想看宫外的平民生活状况，可以站在静心斋的爬山廊处，夏季俯瞰什刹海的荷花市场，冬季俯瞰什刹海的冰上活动。

---

① 见山楼，三面环水，两侧傍山，从西部可通过平坦的廊桥进入底层，而上楼则要经过爬山廊或假山石级。它是一座江南风格的民居式楼房，重檐卷棚、歇山顶，坡度平缓，粉墙黛瓦，色彩淡雅，楼上的明瓦窗，保持了古朴之风。底层被称作"藕香榭"，沿水的外廊设吴王靠，小憩时凭靠可近观游鱼，中赏荷花，远则园内诸景如画一般地在眼前缓缓展开。上层为见山楼，原名梦隐楼，相传此楼为清咸丰年间太平天国忠王李秀成的办公之所。因觉此楼名过于消极，故改为见山楼。陶渊明有名句曰："采菊东篱下，悠然见南山。"此楼高敞，可将中园美景尽收眼底。春季满园新翠，姹紫嫣红；夏日熏风徐来，荷香阵阵；秋天池畔芦苇迎风，寒意萧瑟；冬时满屋暖阳，雪景宜人。原先，苏州城中没有高楼大厦，登此楼望远，可尽览郊外山色。见山楼高而不危，耸而平稳，与周围的景物构成均衡的图画。

② 宜两亭，位于拙政园内别有洞天到卅六鸳鸯馆游廊南侧的假山上，建于明代，意为适宜于两家共享春色之亭。"宜两"即适宜于两家共有的意思。相传唐代诗人白居易曾与好友元宗简结邻而居，院落中有高大的柳树探出围墙，可为两家共赏。白居易作诗赠元曰："明月好同三径夜，绿杨宜作两家春。"以此来比喻邻里间的和睦相处。这一亭景是中国园林史上隔院邻借的佳例。

③ 拙政园的中园、西园曾为两家所有，后来合并归一家所有。

北京北海静心斋爬山廊和假山

　　苏州留园冠云峰所在的院落，采用了缩小空间、压缩视距的艺术手法，使人们无论从院落的哪个角度望向冠云峰，都得仰视，以突出冠云峰的高耸之感，这也是典型的仰借。

　　应时而借。应时而借主要利用季节、天气和时间的变化来创造不同的景观效果。例如，春天可以借桃柳来增添园林春色，夏天可以借荷塘来展现园林生机，秋天可以借丹枫来营造园林秋趣，冬天则可以借飞雪来塑造园林宁静冷艳的氛围。例如，扬州个园的四季假山，通过山体色彩、姿态的变化，展现了春夏秋冬四季的景象，饶有趣味。

　　此外，朝霞、夕阳、月色、星光、佛光等自然现象以及风声、雨声、流水声等声音效果，都可以被巧妙地引入园林中，创造出丰富的

从苏州留园林泉耆硕之馆望冠云峰（葛楚天摄）

苏州拙政园留听阁窗外的芭蕉、石头（葛楚天摄）

感官体验。例如，无锡寄畅园的八音涧借了峡谷中之水击山石的声音，杭州西湖十景之"南屏晚钟"借了寺院中之钟声，苏州拙政园的留听阁借了雨打芭蕉、石头之声音。这些应时而借的手法不仅丰富了园林的景观层次，也使园林景色能够随着时间和季节的变化而呈现出不同的风貌，增强了园林的艺术感染力。

互借。景色之间还可相互资借。北京紫竹院公园和国家图书馆建筑群，一高一低，一实一虚，相互借景。从紫竹院公园仰望国家图书馆，景色动人；从国家图书馆俯瞰紫竹院公园，绿意盎然。

园林景石中互借的例子很多。例如，苏州网师园小山丛桂轩南北的湖石假山和黄石假山，相互借景，产生出环境的微妙变化。小山丛桂轩这座四面厅夹在当中，游人在此获得了极佳的视觉体验。

二、框景

框景也是重要的园林造景艺术手法之一。它通过建筑等形成画框，将风景框起来欣赏。苏州园林建筑的空窗和门洞就像建筑的眼睛，当人们坐在建筑内向外透过空窗和门洞观看的时候，自然形成了取景框和框景。尤其是苏州园林的空窗和门洞，总是安排有对景，或是竹子芭蕉，或是玲珑的湖石，或是粉墙黛瓦，通过花窗、漏窗、空窗这些取景框，形成完美的画面。

景框中，山石往往成为视线的焦点。例如，苏州网师园云窟的圆洞门，内有湖石若干，与圆洞门、圆洞门旁的蜡梅共同构成优美的画面。苏州拙政园梧竹幽居西侧的圆洞门，将景石、小桥、山峦、植物、丹枫和待霜亭共同构成的优美画面框在其中，别有意趣。苏州艺圃的圆洞门，内侧是石景，外侧也是石景——几方景石探入洞门，形成韵味无穷的画面。

景石还能构成取景框。例如，苏州环秀山庄假山的山洞，从洞中向外看时，恰好园中的美景被框了起来。山洞内光线晦暗，山洞外景色明丽，形成暗景框和明丽画面的鲜明对比，取得了极佳的艺术效果。

三、漏景

漏景是从框景发展而来的一种更"朦胧"的表达方式。漏景的漏窗往往有花纹，并不是完全的空窗，而是花窗漏窗，这样看到的景观是若隐若现的，产生一种朦胧的美。漏景实际上是藏与露的统一，在似见非见、似隐非隐之间，透漏出若干景色。漏景的媒介叫作"虚隔物"，这种虚隔物包括花窗、栅栏、槅扇、纱帘等，它们本身也是艺术品，具有美学价值。

例如，苏州留园鹤所西侧的冰裂纹漏窗之外，就是山石与植物，并通过漏窗，透、漏进来。又如，苏州网师园殿春簃建筑北侧的小天井中，有竹石芭蕉，通过殿春簃北侧的槅扇窗，漏入室内，形成良好的景观。还如，苏州网师园主体建筑小山丛桂轩是一座四面厅，周围的假山景石环绕而置，建筑的四面漏窗将这山和石全部纳入建筑中来，形成一幅景观的长卷。再如，苏州留园的五峰仙馆将对面的五老峰收入建筑的门窗之中，在藏与露之间获得深刻的美感。

四、对景

对景是指通过视觉通廊将两组景物在视线上确立对应关系的造景艺术手法。例如，苏州留园的五峰仙馆正对一座名为五老峰的假山，五老峰成为建筑五峰仙馆的主要景观；冠云峰对面的冠云楼、冠云亭，都与冠云峰形成对景，成为造园的典范。

苏州网师园殿春簃花窗漏景（葛楚天摄）

苏州网师园小山丛桂轩窗景（葛楚天摄）

对景也有处理不当的例子。有一个时期，从北京颐和园山巅向北望去，轴线上立着一个巨大的麦当劳招牌，大煞风景，直接破坏了颐和园轴线的完整性。如今，招牌已被拆除。在对景中，园林建筑的作用十分重要。园林建筑要既能成景，又能得景，即从别处看园林建筑，园林建筑本身就是一处美景，而从园林建筑向别处看，又能获得良好的风景。

石景常做成对景。例如，苏州拙政园有一处石景位于建筑廊子尽头，从走廊望去，景感强烈。又如，北海静心斋内的镜清斋建筑前面的水池中央有一景石，构成了建筑的对景；而镜清斋北侧的大窗正对着沁泉廊与其后的高大假山主体，对景关系十分明确；位于镜清斋西北侧的枕峦亭，因高枕峰峦而得名，从枕峦亭远眺琼岛白塔和远处的景山，白塔和景山皆成为枕峦亭的对景；静心斋内的韵琴斋，坐东朝西，与前面的水池和假山构成对景。还如，苏州艺圃的延光阁，南面为一大水面，水面尽头是叠石假山，延光阁便与假山和假山在水中的倒影形成对景。

五、隔景

隔景是中国园林常用的造景艺术手法之一。中国古典园林建筑，讲究含蓄有致、意味深长，忌一览无余，宜引人入胜。用景石来隔景是园林艺术的常用造景手法。例如，北京北海的静心斋，为避免将园外的城市景色收入眼中，用北侧的大假山隔景，需要登至山巅，才能远眺什刹海的景色。又如，北京北海的濠濮间，追求一种宁静淡远的艺术氛围，需要与北海的主景区分隔开来，所采用的具体手法是，以山石将濠濮间景区从主景区中分隔出来，使其从喧嚣中顿入空灵。

隔景可分为实隔与虚隔。以山石作为隔景手段，实隔与虚隔的情

从苏州艺圃延光阁望对面山景（葛楚天摄）

苏州艺圃延光阁和对岸假山（葛楚天摄）

北京北海公园快雪堂湖石假山夹景

形都有。北京北海的濠濮间与太液池之间的分隔，大约就属于实隔。而苏州园林中，一些空窗中的山石竹蕉，似隔非隔，欲藏还露，大约就属于虚隔。

六、夹景

夹景也是中国园林常用的造景艺术手法之一，指通过左右两侧的景物，如树丛、树干、土山、建筑物等加以屏障，形成左右遮挡的狭长空间，以汇聚观赏者的视线，使景观空间定向延伸到焦点景观，表现出特定的情趣和感染力。这种带有控制性的造景方式，往往和对景一起使用。夹景手法常常运用轴线、透视线突出园林内部的景色，可增加园景的深远感，放大景物本身的审美价值。山石常用作夹景之物。例如，苏州拙政园多处用石头夹景，汇聚游人的视线。有时山石和建筑共同构成夹景，如北京颐和园谐趣园的涵远堂和后面的山石，就夹着西侧的丹枫红叶，蔚为壮观。北京北海快雪堂前的假山，中有一缝隙，穿过缝隙，两山夹着快雪堂门，便映入游人眼帘。

七、障景

在造景时，为了避免让空间一览无余而显得狭小，就有必要在游览路途上增加障碍。障景是小空间常用的造景艺术手法。这种手法顾名思义，就是遮挡视线，不让人看到后面的景观。照壁、隔墙、屏风、帘子以至于盆栽、山石、幕布、水池、界牌等，皆可用作障景之物。例如，北京故宫随初堂的垂花门，以山石遮挡视线，起到了很好的障景效果。

和漏景一样，障景也能激起游人向前一探究竟的好奇心。

北京故宫随初堂垂花门（白丽娟摄）

在抑景时，也常使用障景的手法。

八、分景

分景是园林造景和组景的重要手法。一座园林的空间是有限的，通过分景可以产生含蓄与复杂多变的园林空间。分景实际上就是将景区或园林划分为较小的部分，使空间产生层次与变化。分景既有采用墙、山体等将空间完全分隔开来的手法，又有似分不分的手法。例如，著名的承德避暑山庄就采用分景的手法，将园林划分为宫殿区、湖泊区、平原区和山峦区。其中的湖泊区又通过构筑的堤岛将湖面划分成若干空间，形成著名的"芝径云堤"景观。又如，杭州西湖将湖面分为西湖、北里湖、西里湖、南湖。再如，北京北海的濠濮间用人工低山将湖区与濠濮间分隔开来，形成了强烈的动静对比，濠濮间一带空间十分幽雅，是游人驻足休息的理想场所。还如，著名的黄山风景区，通过游路组织、空间处理，将全山分成前海、北海、西海等若干景区，使游人在不同的景区中获得不同的游览重点。苏州园林的分景手法运用得十分成熟，取得了很好的艺术效果。苏州园林中，有时用白粉墙将两组景观完全分隔，有时又采用墙上开漏窗的方式半分半合，还有时用植物、山石或者空廊，使空间以合为主，轻微分隔。这样所形成的景观空间之玄妙，很难用语言述说清楚，必须在实地切身感受。总之，分景产生了穿插、过渡、掩映、虚实、层次、景深等园林空间的艺术现象。

九、引景

引景手法在园林造景艺术中也很常用。引景主要是指通过直接或间接的引导和暗示使人进入景区。在登山的时候，对景观的引导尤为

重要。中国的传统风景名胜区，每隔一定的距离，或设置路亭等建筑或小品，或安排摩崖石刻等文字作为引导，或布置观景平台等赏景空间，使游人在游赏的过程中不感觉疲倦，打破山路的单调乏味感，最终将游人引导至山巅。景石、摩崖石刻等常常作为引景之物，成为引导人向前的空间符号。

　　山石常作为园林路径之中的引景之物。在苏州园林中，廊子的转折处、尽头处往往布置山石、藤萝、竹蕉，引导游人不断向前游览。在曲折前行的游览路线上，总有若干山石、竹蕉将视线打断，引导游人前行。当游人进一步前行之时，又会有新的引景的山石、竹蕉，引导游人向前。游览路线就在这引导与暗示之中，不断延伸，不断丰富。

福州鼓山摩崖石刻引景

颐和园谐趣园廊子旁的湖石引景

第三章

园林赏石形式美法则

　　在园林赏石中，形式美法则是普遍存在的，它是园林赏石美感的重要构成条件。人们在园林中游憩的时候，自然而然地对园林观赏石进行审美活动。在这一审美活动中，人们把所感受到的，在造园过程中注入到形、质、色、纹、韵中的形式美物化为审美冲动，引起美感。园林赏石给人以美感，在人们心理和情绪上产生审美体验，存在某种规律，园林赏石形式美法则就表述了这种规律。

　　形式美法则是人类在创造美的形式、美的过程中对美的形式规律的经验总结和抽象概括。研究、探索形式美法则，能够培养人们对形式美的敏感度，指导人们更好地去创造美的事物。掌握形式美法则，能够使人们更自觉地运用形式美法则表现美的内容，达到美的形式与美的内容高度统一。

　　在探究形式美法则的时候，必须十分重视内容美。园林观赏石存在着天然的美，自然之美是园林观赏石的核心之美。在自然之美的基础上，通过与形式美法则密切相关的营造手段，掇山叠石，可以创造美景，使人获得美的感受。

　　自然之美的最高形态是生态之美。生态之美是指人类与自然、人类与人类和谐相处而产生的美感，是美的最高境界。生态之美的核心是和谐，包括植物之间的和谐，植物与山石、水景空间的和谐，植物与建筑的和谐，植物与道路和广场的和谐，以及山石之间的和谐。各种和谐，构成了生态之美的和谐乐音。

一、对比与调和

对比与调和是一切形式美法则的基础。因为其他一切形式美法则，从根本上说，都是通过比较而存在的，也就是通过对比与调和的关系而存在的。对比是指将存在较明显差异的事物置于一起进行比较的活动。在园林赏石中，形体的对比、质感的对比、色彩的对比、纹理的对比、韵律的对比是普遍存在的形式美现象。

形体的对比十分重要，是形成园林空间变化的基本因素。例如，苏州网师园住宅部分相对狭小的空间与其园林部分舒展空间的对比，就形成了网师园的空间形态。又如，北京颐和园前湖辽阔宽广，后湖狭长幽深，就形成了对比强烈的两种极为不同的空间感受。前湖空间让人胸怀舒展，后湖空间使人发思古之幽情。苏州沧浪亭内部空间相对比较狭小，复廊以外的水景空间相对比较开阔，形成了园内园外不同空间的对比。

质感的对比也很重要。园林建筑的材料质感对比，能产生美感。例如，赖特设计的著名的落水别墅，粗糙的石墙面和细腻的墙面被组织在一起，产生强烈的美感。又如，不同的园林植物有不同的质感，有的叶子小而细密，有的叶子大而光洁，形成了园林植物的对比，从而产生美感。园林景石的质感丰富多样，产生出的美感复杂多变，与其他质感的材料搭配时，往往有较好的效果。例如，水景与山石的对比，是一种阴柔与阳刚的对比，能取得较好的艺术效果。

色彩的对比更比比皆是。红梅傲雪，红色和白色有十分强烈的对

比。"粉墙黛瓦"，白色和黑色的对比关系成为江南园林建筑的基本色彩对比关系。绿色植物和建筑的不同色彩、不同质感的对比，成为构成园林美景的基本对比关系。

纹理的对比在太湖石的形态中十分重要。欣赏太湖石的基本要求是瘦、绉、漏、透，其中的"绉"就是指纹理的对比。太湖石多孔隙，大窟窿小眼很多，产生出深浅明暗的纹理对比，直接生成太湖石的美感。在韵律方面，对比的关系更是产生良好韵律感的基础。

对比是普遍存在的，调和是在对比基础上进行调和。调和有两种情形：一种是近似或相同进行调和，一种是对比进行调和。和谐是特殊的对比关系。对比与和谐又是相比较而存在的一对对立统一关系，互相依存。调和很重要，如果只有对比而没有调和，园林的美感也就不复存在了。例如，协调纯净的蓝天很美，对比的蓝天白云也很美。承德避暑山庄金山建筑群的园林建筑，在对比之中又存在建筑符号的一致性，从而形成协调的美感。北京卢沟桥的石狮子，每个都不相同，但是总体上又比较一致，形成了卢沟桥强烈的协调的韵律感，即大协调，小对比。苏州园林植物的对比与调和关系也广泛存在。"以墙为纸，以竹石为绘"，是指白粉墙和石头、植物形成了对比关系，同时，植物之间又形成调和关系，共同组成画面。苏州拙政园荷风四面亭与周围的荷花及水景之间，也是既对比又调和的关系。几乎所有的植物都协调统一于绿色之中，形成了园林的重要基本色调，给人以良好的视觉感受。城市的绿视率，是城市建筑、道路与绿化之间的对比关系的重要表现，绿视率越高，人们的视觉、心理感受越舒适。因此，城市要想办法增加绿地面积，如采取拆墙透绿等方法来提高绿视率。

园林赏石，就是要在石头与建筑、植物、水体、道路、广场的对比之中，使石头突出出来，从而获得美感。

北京故宫中对置的山石，对比之中产生协调感

二、主从与重点

有了主题还不够，一切都要为烘托主题服务。因此，要构建一种主从有序的关系。在石景营造中，也应追求这种主从有序的关系。主从关系，实际上是一种对比关系。只有通过事物不同部分的比较，才能产生主从关系。光有对比还不够，还要有对比中的调和，这样才能构成良好的主从关系。

日本枯山水园林是主从有序园林的杰出代表。枯山水庭园与建筑的联系极为密切，两者在空间上互相渗透、延伸。小面积的庭园，内容极简约，以砂代水，以石代山，往往只有一组或者若干组石景，白砂或者绿苔铺地，配置少量的乔灌木，此外别无他物。人不能进入庭园，只可以从旁观赏，犹如观赏大型盆景。后期的枯山水，石景的平面布局大体上按照直线与三角形相综合的规律，立体构成则以三石一组为基本单元。无论石景的总体还是石组的局部，都具有明确的主客之势、韵律之感的构图美。而这些构图美同时也表现了宗教的种种寓意。建于日本京都龙安寺的枯山水庭园是日本最有名的枯山水园林精品。据说这里的石庭，是最具深意的一幅抽象写意画。它占地呈矩形，面积仅 330 平方米。庭园地形平坦，名为"虎负子渡河"的枯山水，由 15 尊大小不一的山石及大片灰色砂石铺地构成。石以二、三或五尊为一组，共分 5 组。只有身处主持的位置，方可将 15 尊山石尽收眼底，而其他人不论从哪一个角度看，都会有某一尊山石看不到。石组以绿苔镶边，往外就是耙制而成的同心波纹。同心波纹可喻雨水溅落池中或鱼儿出水。看似白砂、绿苔、褐石，但三者均非纯色，从此物的色系深浅变化中可找到与彼物的交相和谐之处。砂石的细小与主石的粗犷、植物的软与石的硬、卧石与立石的不同形态等，又往往于对比中显其呼应。因其属眺望园，故除耙制砂石之人外，无人可以迈进此园。而各方游客则会坐在庭园边的深色走廊上——有时会滞留数小时，在砂、石的形式之外思索龙安寺庭园的深刻含义。①

北京北海的山石分布，也是主从有序园林的杰出代表。北海主景突出，以白塔作为全园的主景，因此塔山为全园的主山。主山高耸，与白塔交相辉映。其余均为余脉，作为主山的陪衬。而从整个北京旧城看，又以景山作为主山，琼岛的岛山作为余脉陪衬。

一些中国传统园林，以石景为中心景观布局，重点突出。

苏州环秀山庄，以假山为构图中心，假山占全园面积的三分之一。环秀山庄园林规模不大，假山却体量巨大，是突出的以石景为中心的园林。在这里，建筑、铺装、水景都成为山的陪衬，主从有序。假山相传为叠石掇山名家戈裕良的作品。假山位置偏向园的东侧，既有远山之姿，又有层次分明的山势肌理。池东主山，池西次山，气势连绵，浑成一片，其中主山以东北方的平冈短阜作为起势，呈连绵不断之状，使主山不仅有高耸之感，还有奔腾跃动之势。至西南角，山形成崖峦，动势延续向外斜出，面临水池。

苏州环秀山庄的假山全面体现了苏州园林假山的完整叠掇技法，峭壁、峰峦、洞壑、涧谷、平台等山中之物应有尽有，是理山技艺的

① 关于枯山水的起源，学界有两种观点：说法一，受中国水墨画和禅宗文化影响。中国佛教与中国传统文化由日本派出的遣隋使和遣唐使传入日本，使禅宗思想在日本得到了迅速的发展。同时，浓墨枯笔的中国山水画在日本给枯山水的形成以极大的影响，因此大量以修习禅定为主的庭园在日本兴建。说法二：原型来自日本远古时代，后受政治、禅宗、宋代山水画、盆景等因素影响逐渐发展演变。日本《造园用语辞典》将枯山水定义为："日本特有的庭园样式之一，在平庭内以置石为主喻山，以白砂喻水。"经文献典籍查阅可知，13 世纪兴起的禅宗在特殊时代背景下赋予枯山水浓郁的禅意色彩，并作为禅师参禅的重要工具一直沿用。

活化石。

又如苏州狮子林大假山，亦是全园的中心景观。大假山代表中国江南园林大规模假山的最高成就，具有重要的历史价值和艺术价值。假山群共有九条游览路线，二十一个洞口。横向极尽迂回曲折，竖向力求回环起伏。狮子林的假山，通过模拟与佛教故事有关的人体、狮形、兽像等，寓佛理于其中，以渲染佛教气氛。①园东部叠山全部用湖石堆砌，并以佛经狮子座为拟态造型，进行抽象与夸张。山体分上、中、下三层，有山洞二十一个，曲径九条。山顶石峰有"含晖""吐丹""玉立""昂霄""狮子"诸峰，各具神态，千奇百怪。园林西部和南部山体则有瀑布、旱涧道、石磴道等，与建筑、墙体和水景自然结合。在园西假山深处，山石作悬崖状。一股清泉经湖石三叠，奔泻而下，形成了苏州古典园林中引人注目的人造瀑布。园中水景丰富，溪涧泉流，迂回于洞壑峰峦之间，隐约于林木之中，藏尾于山石洞穴。

狮子林怪石嶙峋，拥有国内尚存最大的古代假山群，有"假山王国"之美誉。其特点有三：一是山体占地面积巨大，规模宏大；二是奇峰林立，洞穴丛生；三是游览路径繁复，往来无穷。

归根结底，狮子林假山之妙，在于尺度宜人，其洞壑峰峦，都与人的尺度相协调，使人游之顿生亲切之感。

---

① 1341年，高僧天如禅师到苏州讲经，受到弟子们的拥戴。第二年（1342年），弟子们购地置屋为天如禅师建禅林。因园内"林有竹万，竹下多怪石，状如狻猊（狮子）者"，又因天如禅师得法于浙江天目山狮子岩，为纪念佛徒衣钵、师承关系，取佛经中狮子座之意，还因佛书上有"狮子吼"一语（指禅师传授经文），且众多假山酷似狮形而将此处命名为"师子林""狮子林"。天如禅师谢世后，园渐荒芜。大书画家倪瓒（1301－1374年，号云林子）途经苏州，曾参与造园，并题诗作画（绘有《狮子林图》）。

苏州艺圃主从与重点

苏州狮子林假山（葛楚天摄）

镜清

妙理契無為　　　　　憑觀悟有衡

北海静心斋赏石对称的均衡

三、变化与统一

所有物体的形态都要通过点、线、面、三维虚实空间、颜色和质感等元素有机组合才成为一个整体。变化是指寻找各部分之间的差异、区别，统一是指寻求它们之间的内在联系、共同点或共有特征。没有变化，则会显得单调乏味而缺少生命力；没有统一，则会显得杂乱无章、缺乏和谐与秩序。园林赏石就是要在变化与统一之间寻求某种平衡。

例如，苏州艺圃的南北两组园林院落空间，用高墙相隔。北侧一组空间，以水面为中心，以较为高大的假山为主景，假山倒映在水中，形成完美的画面。而南侧一组空间，水面较小，曲折回环，其更重要的是石景，石矶环绕，石峰林立。这两组院落有较大的不同，形成了不同的风格。北院气势宏大，南院小巧玲珑。同时，这两组院落又统一于太湖石的色彩、形象中，总体上做到了大统一，小变化，取得了很好的艺术效果。

又如，苏州留园的山水之美统一于太湖石之美中。在诸多的湖石之中，以冠云峰最为突出。冠云峰体量巨大，高耸挺拔，与其他峰石的小巧玲珑构成鲜明的对比，引起景观的变化。但是同时，它又与其他太湖石在形、质、色、纹、韵上达到完美的统一，使全园有完美的统一感。

在苏州园林中，石头已经成为形成园林统一感的重要因素。

四、对称与均衡

对称与均衡也是园林营造中的重要问题。规则式园林，往往采用对称式布局；自由式园林，总体上不采用对称式布局，但也要讲究

均衡。

　　例如，北京故宫御花园的特置观赏石，就采用对称布置的手法排布，与御花园规则式的园林浑然一体。御花园的布局形似中国传统皇家园林的"一池三山"，将三座"岛山"分别置于三个水面上，"岛山"分别是三座建筑：浮碧亭、澄瑞亭和御景亭。正门天一门两侧和御道两侧，分别布置大型山石盆景，盆景中的山石可理解为隐喻道家的"福地洞天"，也可与御花园中的水道一同理解为暗喻"江山永固"。在御道两侧布置山石盆景，在清代御园中，御花园或为特例，足见这些观赏石地位之重要。穿过这些观赏石后步入钦安殿，给人以步入天阶云梯之感。钦安殿为道家的洞天，修炼之地，神仙的居所，可以通达天庭。这样布置的原因有三：一是御花园是一座规则式道观

苏州艺圃山石的不对称均衡

园林，且位于紫禁城中轴线的最北端，只有对称布置，才能与中轴线的环境和园林空间相吻合。二是帝王赏石与民间赏石存在重大差异，帝王追求的是观赏石的敦厚中和，认为中庸平和才是观赏石的美。三是陈设观赏石的盆座大多为规整的须弥座，所以陈列这些石头，宜采用对称的规则布局。但其在大的对称中又有小的变化，石头的类型、色泽、大小、质地各异。这种小的变化增添了园林的活泼气氛且不影响其均衡性。

再如，苏州艺圃，路桥两边，水景与石景，均衡得当。

又如，北京北海静心斋，山石对称布局，体量均衡。

还如，苏州博物馆新馆"江山万里"石景图卷，群峰竞秀，在对称与均衡方面处理得当，取得了极其壮美的艺术效果，是现代赏石的

北京北海静心斋沁泉廊旁山石的不对称均衡

苏州博物馆新馆石景（葛楚天摄）

典范之作。

不仅石头之间要讲究对称与均衡地布置，石头和建筑、花木，也讲究对称、均衡地布置。

五、比例与尺度

比例与尺度不仅是个美学问题，更是营造人性化空间的关键问题。比例因为比较而存在。园林大多是大尺度空间，与建筑相比，比例有很大不同。园林在高度上变化不大，因此重点应推敲的是平面的比例，也就是长宽方向的比例。怎样才能获得美的比例呢？普遍认为"黄金分割"是最美的比例。尺度在园林中更为重要，因为平面图纸上的比例，在空间中往往并不容易被感知到，能直接感知的是是否符合人的尺度。

例如，苏州网师园殿春簃建筑群中的廊子很窄，仅容一人将将通过，明显不符合今天的建筑规范，但是，因为它是私家园林，只容一人通过就可以了，所以它尺度合宜，比例得当，起到了小中见大的效果。又如，苏州怡园的螺髻亭，被形容小得像妇女的螺髻一样，小巧玲珑，伸手可以够到屋顶，它也起到了小中见大的效果。

园林也好，建筑也罢，尺度必须满足人活动的需要。园林建筑要避免体量过大，过于集中，要讲究"小""散""隐"，即满足园林尺度的需要。体量过大的建筑在园林中会产生压迫感。杭州西湖边曾经拆除了一座体量过大的建筑，以保持西湖风景的美感，而现在的雷峰塔和保俶塔体量较为合宜，它们成为西湖边上的重要景观。园林建筑，以面积200～300平方米为佳。除了楼阁和塔以外，建筑的楼层数不宜超过3层。室外设施，也要符合人的尺度，如坐凳的高度在40～50厘米比较合适，踏步高度在15厘米左右比较合适。园林广场的尺度一般不宜过大，以直径不超过 35 米为好。园路也不宜过宽，主路能单向行车就满足要求了。在特殊情况下，能双向行车就足够了。

园林同建筑的重要区别，就是园林中的植物是有生命的，不断地处在生长之中，而且自然形态的比例与尺度同建筑的完全人工的比例与尺度存在明显差异。

但是，人类对比例与尺度的认识，从根本上说，来源于对自然的认识，自然产生的比例与尺度往往是最美的。例如，黄山松的比例与尺度就很美。因此，不能完全像对待建筑的比例与尺度那样，用纯几何学的方法对待园林的比例与尺度。但是，即使是自由式园林，其局部也仍然存在纯几何的尺度关系；规则式园林，则必须强调整体的纯几何对位关系。

自然景观有与自然景观比例与尺度相宜的石景，大园有与大园比例与尺度相宜的石景，中园有与中园比例与尺度相宜的石景，小园有与小园比例与尺度相宜的石景，庭园有与庭园比例与尺度相宜的石景。无论是怎样的石景，在欣赏中，都要设法赋予适当的视距、视角，以获得精妙的比例与尺度。石与石、石与水、石与建筑、石与花木的搭配，都要考虑比例与尺度的合宜。园林的核心使用者是人，比例与尺度必须满足人的需要。

比例与尺度虽然密切相关，却既有联系又有区别。比例更多是在景物与景物的比较中存在，更多是一种构图关系。尺度，则是景与人的比较关系，在园林中，在园林赏石中，尺度必须宜人。

例如，戈裕良设计建造的苏州环秀山庄大假山，是一座超比例的假山。一座园林，特别是比较小且空间相对局促的园林，拿出三分之一的地盘营造一座两层楼高的假山本就很少见。于是，假山成为统领全园的造园要素。由于比例不很均衡，假山甚至显得拥塞，

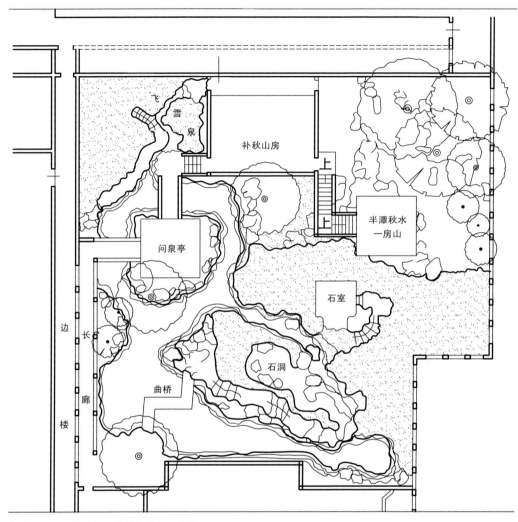

苏州环秀山庄假山平面图（吴晓莉摹绘）

但这恰恰使山体的高耸雄伟之姿得以强调，取得了震撼性的艺术效果。同时，假山的尺度又是宜人的，峭壁、峰峦、洞壑、涧谷、平台等山中之物，都符合人体尺度的需要。总体上，这座假山的比例与尺度是合宜的，既达到了所预想的艺术效果，又符合人的尺度要求。

又如，苏州网师园殿春簃东侧的假山，在较小空间内，营造出了符合人体尺度要求的山洞。冷泉处的山石叠掇，更是考虑了人下几步台阶，弓身掬水时的尺度要求。总体上，整个小院中的石景，比例与尺度合宜，与整个院落中的建筑、花木、铺装、水景相得益彰，收到了很好的艺术效果。

在自然景观和园林之中，石景的比例与尺度又分为几种不同情形：

一是超大尺度石景。这多是天然巨石，给人以宏伟壮观的感受。例如，承德避暑山庄旁的磬锤峰，登临峰脚时，向上仰望，巨大的山石让人感到自身非常渺小，而山石却无比宏伟壮丽。又如，贵州梵净山奇峰林立，不仅有山川河谷，还有溪流瀑布，最让人感到奇特的就是梵净山的红云金顶，而蘑菇石则是其著名的标志性景点。伫立在蘑菇石下，同样让人生出自身渺小之感受。

二是大尺度石景。苏州狮子林的大假山、南京瞻园的大假山、上海豫园的玉玲珑、苏州留园的冠云峰等，都可算大尺度石景，能产生让人震撼的美感。

三是中尺度石景。苏州网师园殿春簃的石景等，可算中尺度石景，别致优雅，可近距离欣赏。

四是小尺度石景。园林室内的清供石等，体量小，需要近距离欣赏，还可能令人产生上手把玩的冲动。

欣赏的视距对景石的尺度感影响极大。视距较远、景石又不十分高耸时，视线往往是平的，这时很难产生"景石高大耸立"的感受。所以在园林赏石造景活动中，往往采取压缩视距提升视角的手法，以获得山石的高耸之感。例如，北京颐和园谐趣园涵远堂建筑的北侧，有一组不甚高大的山体。在规划设计中，缩小涵远堂与山体之间的距

从苏州网师园殿春簃东侧假山山洞景框望冷泉亭（葛楚天摄）

离，将涵远堂适当向后推，使观赏的视角提升，从而获得山体的高耸之感。压缩视距的手法，还运用到了苏州留园冠云峰所在的院落中。冠云峰的实际高度并没有冠云楼高，但无论怎么拍照，冠云峰都高过冠云楼。实际上，原因就在于把冠云峰所在的院落的尺度适当缩小，压缩了前景视距，使四面观赏冠云峰的视角都得到提升，从而使冠云峰获得高耸之感。

在园林中，建筑的门窗或能构成框景。框景内的景石的比例与尺度尤为重要，或能成为框景成功与否的关键性因素。门窗皆有尺度，门窗之中的石头也必须随着门窗的尺度来确定自己的尺度。或半掩半露，或撑满画面，一切均要由门窗与石头的关系来确定。门窗多为直线或几何曲线，石头则来自自然而野趣横生，这之间就形成一种强烈的对比，使画面生动丰富起来。中国画，既有撑满纸面的山水画，也有只占一角的山水画，撑满纸面的充盈实在，只占一角的空灵虚无，构图的关键是看对画意的取舍。门窗中的石景也不例外，或撑满门窗，或藏于角落。无论采用何种构图，只要境界是美的，就已足矣！

在园林中，园林建筑与景石形成比例关系。这一比例关系，对衬托建筑的美尤为重要。要想确定山石与建筑的比例关系，首先要确定的，是以山石衬托建筑的雄伟，还是以建筑衬托山石的雄奇，还是山石与建筑互衬，构成和谐的环境。如要衬托建筑的雄伟，山石宜小宜散；如要衬托山石的雄奇，山石宜大宜高；如要山石与建筑互衬，则要精心处理它们体量的比例与尺度的关系。

景石比例与尺度的构建，核心是为人服务的，处理好景石与人的关系至关重要。在园林中，景石之上或可坐卧，其宜人尺度的把握尤为重要。容人坐卧之景石，不宜太高大，宜低矮，以合乎人的尺度。

六、节奏与韵律

节奏与韵律在园林中很重要，因为园林和建筑都是无声的音乐。节奏与韵律是音乐中的术语，节奏是指音乐中音响节拍轻重缓急有规律地变化或重复，韵律是在节奏的基础上产生的。在园林中，节奏是指一些元素有条理地反复交替出现或排列组合，使人在视觉上感受到动态的连续性。节奏是韵律的纯化，韵律是节奏的深化。韵律不是简单地重复，而是有一定变化地互相交替，能在整体中产生不寻常的美感。

例如，城市的行道树间隔基本一致，会产生一种节奏感。乘车通过街道时，视觉上的韵律感会很强烈。音乐喷泉，喷泉随着音乐的节奏和韵律起伏奔涌，会产生强烈的美感。在园林的空间序列中，节奏和韵律很重要，因为空间序列是靠适当的节奏和韵律形成的。例如，

登山途中，每隔一段路途的路亭或观景平台或摩崖石刻，形成节拍，打断了路途的线性感，形成了节奏感和韵律感。园林建筑群的节奏和韵律也很重要，适当安排园林建筑群的高低起伏变化、大小对比变化、色彩对比变化，可以产生良好的节奏感和韵律感。

　　自然的山石、水景也存在节奏和韵律，如杭州西湖的山，山峰不高但峰峦起伏，形成了良好的节奏和韵律，从而使欣赏者产生美感。北京城市的中轴线，也是景观有节奏和韵律的典范。

　　苏州狮子林的假山，路径繁复，上下起伏，步道盘桓，形成了动人的节奏和韵律。此山宛如一曲交响乐章，洋溢着激扬的旋律，形成壮美的空间序列。一片深灰色的太湖石，细品时又带来了强烈的节奏感，使人难以忘怀。北京故宫的组石，同中有异，形成强烈的韵律感。

北京故宫中富有韵律感的组石

颐和园谐趣园石景的节奏与韵律

第四章

园林赏石美感营造

一、形质色纹韵的品鉴

中国观赏石鉴评标准，通过对观赏石形态、质地、色泽、纹理、韵意的评价，对观赏石进行综合鉴评。个人窃以为，中国文字，越简练，越内涵丰富而深刻，所以觉得，将形态、质地、色泽、纹理、韵意进一步简化为形、质、色、纹、韵，对观赏石进行评价，更加有利。另外，"韵意"被归为人文要素，有其科学和合理的地方，也有其局限性。因为无论是"韵意"还是"韵"，都是自然要素的外在表现，虽然经过了人工的提炼，但基础还在于自然方面。如果采用"韵"字，不光可以理解为"韵意""韵味"，还可以理解为"韵律"，而韵律显然不是人工赋予的，而是观赏石本身所具有的物质性特质。例如，摩尔石的韵律感显然不是人工赋予的，而是其先天就具备的。

考察园林观赏石的美，同样需要通过形、质、色、纹、韵来进行。但园林赏石，往往具有群体性特征，与通常意义的赏石有所不同。因此，尽管在考察园林观赏石的形、质、色、纹、韵的同时，还要考虑一些其他因素，但形、质、色、纹、韵的标准却是最重要、最基础、最全面、最贴切的评价维度。所谓最重要，就是目前还没有哪

摩尔石

种鉴评方法能绕过形、质、色、纹、韵这几大观赏石的特色元素进行，就是这种方法是园林赏石的首要鉴评方法。所谓最基础，就是其他方法都是在这五个字的基础上衍生出来的。所谓最全面，就是这五个字全面概括了园林赏石的审美标准。所谓最贴切，就是这五个字是目前最切合园林赏石评价实践需要的评价方法。

把观赏石的美的元素，分解为形、质、色、纹、韵，是进行科学评价的开端，是 21 世纪赏石鉴评的客观需要，有开创性的突出贡献。但是同时应该看到，一块石头，是形、质、色、纹、韵的综合体，因此，在鉴评中既要注重各个分项的评分，又要注重石头的总体综合得分。既要有精确的分项定量评价，又要有模糊的综合定性评价。要把精确评价和模糊评价完满地结合在一起，把定量评价和定性评价完满地结合在一起，把分析和综合完满地结合在一起，取得一种平衡。

形，形态、形象、形状、形式。形，是观赏石的第一位形象特质。在观赏石鉴评中，对石形的把握十分重要。造型石重石形不难理

中国园林四大名石太湖石、灵璧石、英石、昆石

解。图纹石和色质石也要重视石形的美观。形，对于园林赏石来说，则更为重要。

首先，园林赏石，由于其在室外陈设的特质，往往需要经历长时间的风吹日晒雨淋，质地与色彩突出的往往不多。各类园林石的色彩，一般都是各种深浅不一的灰色。质地也大多不太好。因此，其形状特征就显得尤为重要。中国园林的四大名石太湖石、灵璧石、英石、昆石，无不以特立独行的造型取胜。以太湖石鉴赏为例，米芾的瘦、绉、漏、透，实际上说的都是造型。所谓瘦，就是说石形瘦而苗条；所谓绉，就是说石头表面的肌理丰富；所谓漏，说的是石头上下方向上的窟窿眼多；所谓透，说的是石头水平方向的窟窿眼多。具备了瘦、绉、漏、透的形态条件，石头怎能不美不奇？岩石类观赏石分为造型石、图纹石、色质石，园林观赏石以造型石居多。不仅是园林石，其实在观赏石中，造型石也是比较多的，至少占据观赏石的半壁江山。

其次，由于园林赏石观赏视距一般相对较远，在近观时才能产生出的细腻变化细节被忽略掉的情况下，园林观赏石的形状，往往是观赏者所获得的第一印象，故园林观赏石的石形就显得更加重要。江南园林中著名的石峰，如玉玲珑、冠云峰、绉云峰，都是石形突出的观赏石的杰出代表。

总之，园林观赏石是以造型石为主的一类岩石观赏石。这一特质，就决定了园林观赏石鉴赏、鉴评标准的特殊性。

在重造型的基础上，质、色、纹、韵亦十分重要。

园林石屹立数百年，经风霜日晒而不朽，石头的质地好极为重要。有些园林石石质极佳，击之如磬，音质优美。

色彩也是园林赏石的重要内容。一般来说，园林石都被各种以灰色为主的色彩体系涵盖。但这灰色又极不相同，有的偏黄，有的偏蓝，有的偏黑；有的偏暖，有的偏冷。例如，扬州个园的四季假山，笋石、湖石、黄石、宣石，有绿，有灰，有黄，有白，把四季的特点鲜明地表现出来了。

纹理也很重要，湖石的洞套洞、洞叠洞，灵璧石的沟壑纵横，黄石的端庄方正……不同的石种，具有不同的肌理特点。

韵律感是美感的重要基础，摩尔石的韵律感十分强烈，给人以强烈的美的感受。

总体上，形、质、色、纹、韵的综合品鉴，是园林石品鉴的首要方法。

二、多元要素综合艺术

园林赏石，既相对独立，又与园林中的建筑、水景、植物等多元要素结合紧密，不可分割。园林赏石本身就是一类综合性极强的时空

艺术活动，同时，它又是园林欣赏这一综合性时空艺术活动的重要组成部分。

采用分析方法研究园林，一个重要的成果就是彭一刚院士的《中国古典园林分析》。书中，他把园林的诸多要素或因子单独拿出来，分而析之，开创了园林研究的新方法。

但光有分析还不够，园林是一个综合性很强的整体，在分析之后，更需要综合。综合是指在头脑中把事物或对象的各个部分与其属性联合为一个整体。研究园林赏石，就需要在把园林赏石单独拿出来分析的基础上，综合构建一个赏石与环境中的其他要素——诸如建筑、水景、植物等合一的园林整体。研究园林赏石，更多地要从园林这个整体出发，构建园林赏石艺术的体系，体现综合艺术的艺术特征。

例如，研究苏州狮子林的假山，既需要单独地对假山进行解析与研究，更需要把假山放在整座园林中加以研究，而不能"只见树木，不见森林"。

我们以为，苏州网师园，作为综合艺术的杰出代表，其石景设置亦十分突出，取得了极高的艺术成就。

苏州园林多景石，被陈从周先生誉为"苏州园林之小园极则"的网师园也不例外。园林之中，称得上"景石"的，一定是能得景的景石。网师园中，有独立成景之石峰，与花木相得益彰之石峰，与建筑配合之景石，水边之石矶诸类。诸类石峰又相互掩映，妙趣自成。石峰与建筑、花木、水景相结合，密不可分，共同构成园景。此外，网师园中尚有室内陈设之石、书条石和碑刻若干。

中国园林是自由式园林，可园林中却偏偏多建筑。建筑的自然之气从哪里来？很重要的来源就是景石。景石甚至可作为建筑之根基。

月到风来亭，整座亭子就建造在黄石之上，旁边的小廊也借助景石起伏于水景之上。至于墙基以景石为"根"的，那就更多了。建筑于山林之中，方能得自然之野韵。苏州网师园主体建筑小山丛桂轩便筑于山石构造的"坞"中，假山环绕着建筑：北有高耸的黄石假山，南有小巧的湖石假山。黄石假山岩体峻峭，宛若天然崖冈，既形成小山丛桂轩北侧的天然屏障，又衬托西侧濯缨水阁之建筑，山顶还成为眺望全园的制高点。从水景之东、北、西三面望之，黄石假山高峭耸拔，颇有小山富大气之妙。假山之中又有名曰引静桥之小桥，可于山林之中体味建筑之妙趣。至于山洞，则更是假山的趣味之所在。西侧院落殿春簃之假山，更富趣味。殿春簃院落仅三处建筑：北侧主体建筑殿春簃，西侧冷泉亭，东侧小廊。殿春簃是前后皆有景石的一座建筑：前植芍药花，花旁置有湖石；右前方有冷泉亭，立于石阶之上，亭中又置一灵璧石峰；冷泉亭之南，又有石峰若干。这些景石，主次分明，造就了殿春簃南侧的大千气象。簃北侧为一狭小天井，于粉墙前置石，栽竹植蕉，恰成为建筑北窗之框景或漏景。北侧五峰书屋位于撷秀楼北，坐北朝南，两层建筑，硬山顶，哺鸡脊，面阔五间。五峰书屋是一处相对独立的庭院，屋前有回廊，东通半亭，西出竹外一枝轩。另有湖石石级从梯云室前上下楼，幽静雅致，旧为园主人读书、藏书之所。所谓梯云室，指登上二楼的假山石级，宛若层层云朵。庭院东侧的黄石假山，体量虽小于云冈，却构成一组完整独立的图画，以高高的粉墙作为背景，别有情趣。

至于山石与植物结合，则更富韵味。云冈黄石假山上的二乔玉兰，树龄已两百余年，姿态虬曲，苍劲古朴，自然斜出，俯临水景，伸向濯缨水阁翘角之上，三月开放之时，花朵内白外紫，色彩夺目。树借山势而高耸，山凭树姿而妖娆。云冈山上还有青枫、紫荆、蜡

梅、桂花等植物，仿佛山之毛发。看松读画轩的太湖石花台内植有古柏、黑松、白皮松、罗汉松、海棠等。植物有了湖石花台镶边，也就有了根基，没有丝毫唐突之感。云窟圆洞门一隅的山石丛中，立有一株蜡梅，山石与花姿相映成趣。总之，与苏州其他园林类似，网师园的植物，多与山石结合搭配，特色突出。

石矶与水搭配是苏州园林的又一特征，网师园非但不例外，还是其中的杰出代表。网师园的水，面积不大却十分集中，达到了小中见大的艺术效果。水的周围，山石与建筑环立。水畔筑有石矶，作为水景与平地的过渡。石矶逐层下跌，最后伸入水中，这实际上是为了适应水位的变化而设置的。丰水季节，水位较高，可以淹没部分石矶；枯水季节，水位较低，可以露出部分石矶。这样，无论水位高低，都可以实现水景与平地的自然过渡。石矶上又半掩半露地种植了迎春之类的植物，将石矶的一部分覆盖起来，形成层次上的变化，使石矶显得不单调。

除了与建筑、植物、水景搭配的景石，网师园中还陈设了大量的石景。园中历年的陈设虽有变化，却都离不开景石作为陈设。例如，园中有大量的大理石挂屏、围屏，分布于轿厅、大厅、内厅、集虚斋、琴室等建筑之内。石玩亦是石景重要的组成部分，如大厅中有八音石，集虚斋中有八音石，看松读画轩内有英石、松化石、灵璧石、木化石，铁石山房中有音石。这些室内的陈设，随时间的推移而不断变化，丰富了网师园的空间。此外，网师园中尚有大量的书条石、碑石等。

景石，顾名思义，是成景、得景之石。网师园中的景石将整个园林建筑的室内外贯穿为一体，渗透到园居生活的方方面面，堪称我国私家园林景石造园的精彩华章。斗转星移，时光荏苒，园林建筑的形态在变化，园林景石的审美在发展，可是渗透于网师园中的以石造景的艺术原理却古今皆同。

苏州网师园只是诸多景石同建筑、水景、花木结合得完美的案例中的一例。

其他例子尚有许多，例如：

北京北海静心斋的碧鲜亭[①]。静心斋东侧有个位于墙外的亭子，亭子上题字"碧鲜"。碧鲜亭紧贴静心斋花墙外，起到了点景之妙。同时，在静心斋内的韵琴斋内，可以凭窗欣赏琼华岛之景。坐在韵琴斋内，打开南侧山墙上碧鲜亭中的小窗，可以看到太液池和白塔美丽的景色。亭子与湖石结合得十分精妙，湖石不多，只寥寥数笔，便将环境烘托得十分幽雅。旁边种植的箬竹，点明了"碧鲜"的主题。在这里，建筑与山石、花木结合得很完美。

承德避暑山庄金山的上帝阁。金山位于承德避暑山庄内。清康熙帝南巡，欣赏江苏镇江金山的景物，便于承德避暑山庄内仿造，包括康熙三十六景第十景的"天宇咸畅"和第十二景的"镜水云岑"两组建筑。金山位于如意洲以东。从"月色江声"西过小石板桥，沿湖滨小道往北，跨叠石小桥就可以到达金山岛。全岛由山石堆砌，三面临湖，一面临溪涧。

苏州拙政园的绣绮亭。绣绮亭在远香堂东土阜上，西向，长方形平面，三开间，面阔5米，进深3.32米，檐口高度2.80米，卷棚歇山顶，是拙政园中部水池南边唯一的山巅石顶亭台。亭身八柱，正间

[①] 碧鲜，最初的意思是青翠鲜润的颜色。后来，它被用来形容竹子的色泽，并因此被文人用来作为竹的别名。这个用法可以追溯到晋代，左思的《吴都赋》中有"檀栾婵娟，玉润碧鲜"。此外，唐代杜甫的《槐叶冷淘》、李复言的《续玄怪录·张逢》，宋代范仲淹的《寄题孙氏碧鲜亭》，以及清代张岱的《陶庵梦忆·天镜园》中都使用了"碧鲜"一词来描绘竹子的色泽或与竹子相关的景象。

远望承德避暑山庄金山的上帝阁

檐墙上开窗洞，有藻井。檐下悬挂匾额"晓丹晚翠"①，亭内有楹联"露香红玉树，风绽紫蟠桃"②。绣绮亭山下，编竹为篱，筑成花圃，内植牡丹数十枝，物与山石、建筑结合得十分完美。

苏州的沧浪亭。位于土山上，石柱飞檐，古雅壮丽。山上古木森郁，石头小路蜿蜒于丛竹、芭蕉、树荫之间，山旁曲廊随波，可凭可憩。循级至亭心，可凭览全园景色。

---

① 园林中的欣赏空间除园内的建筑花木等立体面之外，大自然中变幻多端的自然景色也是构成优美的欣赏空间的重要组成部分。天空的自然变幻，能形成一种特殊气氛的景观。拙政园夏季早晨五六点钟及黄昏前六七点钟时的朝霞、暮色，就很有诗情画意。"晓丹"指从绣绮亭向东面海棠春坞方向看的朝霞景色，"晚翠"指向西面"别有洞天"方向望的远山暮色。

② 源自《游仙》（唐·王贞白）：我家三岛上，洞户眺波涛。醉背云屏卧，谁知海日高。露香红玉树，风绽碧蟠桃。悔与仙子别，思归梦钓鳌。

苏州拙政园绣绮亭坐落于山石之上（葛楚天摄）

苏州天平山的更衣亭。位于苏州天平山脚下。亭原名"四仙亭"，后因乾隆皇帝游览天平山时在此亭更衣，遂改名为"更衣亭"。亭四周皆是巨石林荫，环境十分幽雅，是建筑与石景结合的佳构。

北京北海的延南薰。位于北海琼岛的后山，亭的平面似一扇面，亭前地面铺成扇骨，中有山洞可通往嵌岩室。

承德避暑山庄的云山胜地楼。位于避暑山庄烟波致爽殿后。清康熙五十年（1711年）建，是"康熙三十六景"第八景。楼两层，面阔五间，进深一间。不设楼梯，而以假山为自然磴道。它是建筑与假山结合的典范。因其踞岗背湖，居高临下，有"俯瞰群峰，夕霭朝岚，顷刻变化，不可名状"的意趣。

承德避暑山庄云山胜地楼的假山楼梯

　　承德避暑山庄烟雨楼翼亭。烟雨楼自南而北，前为门殿，后有楼两层，红柱青瓦，面阔五间，进深二间，单檐，四周有廊。上层中间悬有乾隆御书"烟雨楼"匾额。楼东为青阳书屋，是皇帝读书的地方，楼西为对山斋，两者均三间，楼、斋、书屋之间有游廊连通，自成精致的院落。西南叠石为山，山上有六角凉亭，名翼亭，山下洞穴迂回，可沿石磴盘旋而上，也可穿过嵌空的六孔石洞，出日嘉门，到烟雨楼。烟雨楼为澄湖视线高点，凭栏远望，万树园、热河泉、永佑寺等历历在目。夏秋时湖中荷莲争妍，湖上雾气漫漫，状若烟云，别有一番景色。

　　苏州畅园。畅园造园手法细腻，面积虽小却布局精妙。全园水池居中，池周绕以厅堂、亭廊、假山、花木。水池狭长，南端斜架曲桥，使水一分为二。池周黄石驳岸，花木扶疏，古朴有致。池北主厅为留云山房，临池平台宽敞，西侧曲廊通贴池而建的船厅"涤我尘襟"。园西南角的湖石假山上建有待月亭，与爬山曲廊相连。池东傍水建长廊，曲折逶迤。廊间设面水小亭两座——"延晖成趣""憩间"。园中设有小四面厅"桐华书屋"。园中山石的建构颇有意趣，山石体量均不大，却景致古朴而极富典雅姿态。山石与小桥、建筑、水景结合得十分紧密，表现出以石点景的高超理石技艺。石旁花木婀娜，处处构图精妙。园中石景，恰到好处，给人的感受是少一分则不足，多一分则累赘。此园虽无体量较大的假山，但理石技艺堪称一流。

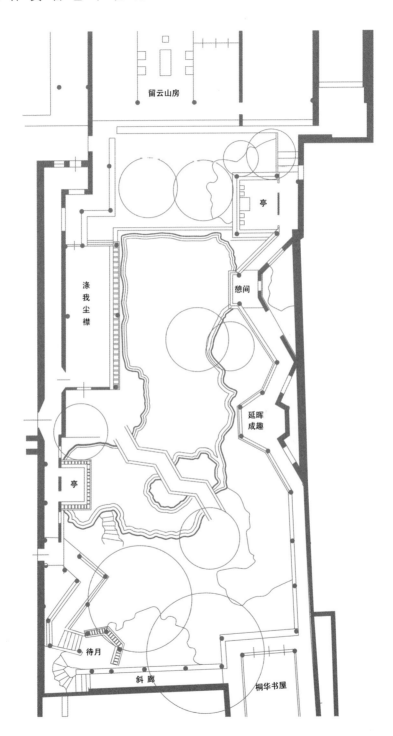

苏州畅园平面图

留云山房

亭

涤我尘襟

憩间

延晖成趣

亭

待月

斜 廊

桐华书屋

三、石景设立意在笔先

中国画作，强调在动笔之前，画家需要先确定画的主题和意图，即意在笔先，胸有成竹。

与绘画一样，造园理石亦需"意在笔先"，即先确定意图或先确定主题。园林的主题是园林的灵魂。全园有全园的主题，局部景致有局部景致的主题，甚至一座小亭、一扇门洞，亦有其主题。石景营造要与主题相宜，成为主题的点题、破题之笔。

大凡要设立石景，必先定立其意。

苏州网师园的梯云室，立意颇有趣味。该立意取自唐代张读《宣室志》中所载周生八月中秋以绳为梯，云中取月的故事①。因此，此室前庭院的假山，均用云头皴手法堆叠而成，以表现"云中取月"的主题。主峰在五峰书屋东山头，倚楼叠成楼房山，可攀登山道而进入楼中。

苏州留园的小蓬莱，主题取自《史记·秦始皇本纪》："齐人徐

---

① 参见《太平广记·道术五·周生》：唐太和中，有周生者，庐于洞庭山，时以道术济吴楚，人多敬之。后将抵洛谷之间，途次广陵，舍佛寺中，会有三四客皆来。时方中秋，其夕霁月澄莹，且吟且望。有说开元时明皇帝游月宫事。因相与叹曰："吾辈尘人，固不得至其所矣，奈何？"周生笑曰："某常学于师，亦得焉，且能挈月至之怀袂，子信乎？"或患其妄，或喜其奇。生曰："吾不为明，则妄矣。"因命虚一室，翳四垣，不使有纤隙。又命以箸数百，呼其僮，绳而架之。且告客曰："我将梯此取月去，闻呼可来观。"乃闭户久之，数客步庭中，且伺焉。忽觉天地曛晦，仰而视之，即又无纤云。俄闻生呼曰："某至矣。"因开其室，生曰："月在某衣中耳，请客观焉。"因以举之。其衣中出月寸许，忽一室尽明，寒逼肌骨。生曰："子不信我，今信乎？"客再拜谢之，愿收其光。因又闭户，其外尚昏晦。食顷方如初。（出《宣室志》）

苏州网师园梯云室及室外石景（葛楚天摄）

市等上书，言海中有三神山，名曰蓬莱、方丈、瀛洲，仙人居之。"①
小蓬莱处在水池当中，两面曲桥相连，上面架以亭式紫藤棚架。小岛
立在山石之上，山石则尽力表现小岛的轻盈缥缈的神仙居所的境界。

　　北京北海静心斋内有一亭名为"枕峦亭"②。作为静心斋大假山的
一条支脉，其下的山石尽力模仿山峦的气韵，尽得山峦之灵气。这里
捎带说一下静心斋的大假山。大假山起自西北，呈西高东低之势，并

----

① 据《史记》记载，秦始皇妄想长生不老，曾多次派遣数千人寻仙境、求仙药。一无
　　所获的秦始皇，只得借助园林来满足他的奢望。据张守节《史记正义》记载："《秦
　　记》云：'始皇都长安，引渭水为池，筑为蓬、瀛。'"意思是说，秦始皇修建"兰池
　　宫"时为追求仙境，就引渭水在园林中建造一池，池中筑岛，隐喻传说中的蓬莱、
　　瀛洲两座神山。受此启发，汉高祖刘邦在兴建未央宫时，也在宫中开凿沧池，池中
　　筑岛。
② 枕峦亭，表达的是融入自然，以峦为枕的情趣。

在西北山巅筑叠翠楼，使山高更加凸显。山为湖石叠造，无论对整体
山势的把握还是对山石细部的推敲，无论是主次山脉的配置还是登攀
路径的崎岖，都经过精心的布局和处理。山脊东西向，脊上构筑爬山
游廊，廊连叠翠楼，共同构成得景和成景的制高点。这里北望什刹海
的荷花市场，南对景山和琼岛山巅，景观极佳，成为帝后俯瞰什刹海
民间生活的重要场所。大假山不仅有主峰，还有次峰陪衬和宾辅。次
峰上设枕峦亭，是眺望太液池和琼岛、景山的绝佳之处。大假山不仅
有主脉，还有支脉，构成了完整的山系。整座假山气韵生动，一气呵
成，浑然一体，蔚为大观，成为整个静心斋的主景。

北京北海静心斋枕峦亭

北京北海的濠濮间，表达的是"濠濮间想"①的悠然情思，其山石配置，因主题的不同而与静心斋有很大的区别。这里的叠山掇石，不像静心斋大假山那样追求山的气势和高远的境界，而是力图创造一种自然平和的氛围、安逸宁静的环境。因此，造园时，首先用山石将

①"濠濮间想"一词出自《世说新语·言语》。在《世说新语·言语》中有这样的记载："简文帝入华林园，顾谓左右曰：'会心处不必在远，翳然林木，便自有濠、濮间想也，觉鸟兽禽鱼自来亲人。'""濠""濮"来自《庄子·秋水》中的两则故事，其本是两条河流的名字。一则是庄子与惠子在濠梁上观鱼。庄子与惠子游于濠梁之上。庄子曰："鲦（tiáo）鱼出游从容，是鱼之乐也。"惠子曰："子非鱼，安知鱼之乐？"庄子曰："子非我，安知我不知鱼之乐？"惠子曰："我非子，固不知子矣；子固非鱼也，子之不知鱼之乐，全矣！"庄子曰："请循其本。子曰'汝安知鱼乐'云者，既已知吾知之而问我，我知之濠上也。"撇开二人论辩的内容，其中则充满对鱼乐境界的向往。庄子曰"我知之濠上"，他于濠上知道了什么？他悟出了性灵的自由比任何功名富贵都重要。另一则故事写庄子在濮水边钓鱼，楚王派使者来请他去做官。庄子钓于濮水，楚王使大夫二人往先焉，曰："愿以境内累矣！"庄子持竿不顾，曰："吾闻楚有神龟，死已三千岁矣，王巾笥（sì）而藏之庙堂之上。此龟者，宁其死为留骨而贵乎？宁其生而曳尾于涂中乎？"二大夫曰："宁生而曳尾涂中。"庄子曰："往矣！吾将曳尾于涂中。"这里，庄子通过巧妙的问答，表达自己的人生旨趣不在庙堂，而在山林。"曳尾于涂"，方有无上快乐。这两则故事的内容，被《世说新语》糅合为"濠濮间想"，它是一种山林之想、自由之想，表达的是人与自然亲和无间的情怀。"濠濮间想"，成为中国艺术中的一个重要境界，中国艺术家的一种重要情怀。中国艺术强调，和谐的根本在于人对自然的回归，在与自然的亲和中感受无上乐趣。中国艺术家认为，人和自然原本为一体，人就是这生机勃郁的自然界中的一分子。人没有必要将自己从自然中抽离开去，而扮演自然的观望者、控制者的角色。在中国艺术理论中有这样的观点，如果一个艺术家始终将自然对象化、外在化，那么一定会近在咫尺，却远隔重山。推之于人与人之间的关系也是如此。人如果一味在自己所创设的界限中生存，那么重重界限就会使人与世界处于无所不在的紧张之中，冲突、挤压、绝望，使人生失去快乐！"人于天地中，并无窒碍处"，是人自己为自己创设了障碍。"濠濮间想"的境界是一种自由的境界、和谐的境界。解脱人为的障碍，回到自己本然的生命之中，与山石、水景林木共欢乐，伴鸟兽禽鱼同悠游，感受人与自然的通体和谐。"濠濮间想"者，云水之乐、山林之想也。其实，并不在山林云水本身，而在人的心态。心态自由、平和，当下即是云水，庙堂即是山林。

北京北海濠濮间石景

临太液池的园林的动区与整个濠濮间分隔开来，创造一种幽远宁静的空间，然后再分造小山，配置建筑，最终寄情于山水之间。

扬州著名园林个园的四季假山，是主题石景的杰出代表。个园，因园主人喜欢竹子而得名，又以四季假山表现春夏秋冬四季的景致而闻名。"春景艳冶而如笑，夏山苍翠而如滴，秋山明净而如妆，冬景惨淡而如睡"，在一园中便可以邂逅四季美景。春山：个园门外两边修竹高出墙垣，竹丛中插植石笋，状出"春笋"之意，此景为一年四季留住春色。夏山：以青灰色太湖石叠出夏景，太湖石的凹凸不平和瘦、透、漏、绉似山雨欲来、云翻雾卷，此山为一年四季留住夏景。秋山：用粗犷的黄石叠成秋天的山景，山顶建"住秋亭"，寓意一年四季留住秋色。冬山：倚墙叠置洁白、通体圆浑的宣石（雪石），甚至在假山内置石英石，营造雪光。为了进一步营造声光冬韵，在南墙上开四行圆孔，利用狭巷高墙的气流所产生的北风呼啸的效果，烘托冬天风雪的气氛。总之，个园的四季假山取得了很好的艺术效果，主题突出，互相衬托，尽得山石成景之妙。

北京紫竹院公园的筠石苑，以赏竹品石为主，景区位于紫竹院公园长河以北。该景区地势变化多端，山环水抱，清静幽雅，内有清凉罨秀、江南竹韵、别有洞天、友贤山馆、斑竹麓、绿云轩、知弈庐、聆涛亭、梅台等景。筠石苑植物布置得十分精细，亭廊建筑得非常轻巧，山石堆叠得比较精妙，是一处以欣赏竹、石风景为主的园中园。园内石与竹及建筑结合紧密，构成动人的石景。

四、景感构成诗情画意

中国园林是画意园林，园林中的观赏石也不能例外，得是画意观赏石。中国是诗画的国度，画意又无不充满诗情。诗和画有一个重要的共性，就是都是对现实景色的抽象、凝练与概括。所不同的是，诗

扬州个园四季假山之春山（葛楚天摄）

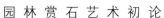

较画更加抽象、凝练和概括。画意，还有画面的景象来表现现实的景色；诗情，则完全使用抽象的文字符号来概括现实的景色。所以，相对而言，画意还没有完全完成对具体物象的跨越，而诗情则完全完成了对具体物象的跨越。

中国的诗，言简意赅，短短二三十字就完成了对景—境—情的概括。这种概括极其凝练，是整个审美过程的升华。中国的画，意韵深远，寥寥数笔，亦能完成对景—境—情的概括。西洋绘画讲究体块、色彩的体积感创造，而中国绘画则更加注重笔墨情趣。笔墨情趣是什么？笔墨有两个层面：技法层面和精神气韵层面。中国绘画的终极境界不是用笔墨技法完成对外在世界的表现，而是用笔墨的精神气韵完成画家内心世界的再现。笔墨的精神气韵，对中国的书法和绘画来说，有其自然天成的偶发性。中国的书法和绘画，是线条的艺术，在运笔过程中，特别是在写意画的运笔过程中，线条的自然天成的偶发性，就产生出绘画中笔墨的不可重复性。

园林的景感，往往追求一种画面性效果。这种景感的构成，源于绘画又高于绘画。因为绘画实际是一种二维的平面的效果展示，而园林则是三维的空间的效果展示。在园林中，欣赏者不是固定的拍摄"机位"，而是运动的生命实体。于是园林就突破了绘画二维性的特征。园林的景感是三维的，但这三维的景感，又必须借鉴二维绘画的构图的画面性效果，将动态的景感分解成若干二维的画面，每一画面所追求的都是绘画的精致的美感。换言之，园林追求的是动态效应下的二维画面精致的美感。

光有美感还不够，还要有画意和诗情。画意是绘画的意旨或意境。园林的景致，也要追求意境。意境的表达和升华，既要依靠画面的美感，更要依靠文字形成诗情。宋代画院考试，曾经出题"踏花归来马蹄香",答题者有的在马蹄上画上残花败蕊,而最好的表达是马蹄周围围绕着舞动的蝴蝶。

美感何以产生? 东西方美学有着不同的认识。

在中国古代,"美"和"善"是混在一起的,经常是同一个意思。《论语》讲"里仁为美",又讲子张问"何谓五美",孔子回答说:"君子惠而不费,劳而不怨,欲而不贪,泰而不骄,威而不猛。"这里的"美",讲的都是"善"。据统计,《论语》中讲"美"字十四次,其中十次是"善""好"的意思。但同时,"美""善"也在逐渐分化,《论语》里就有"尽美矣,未尽善也"的说法。《管子》说"人与天调,然后天地之美生",表述了这样的朴素的生态思想:人与自然协调,是产生美的重要前提。我们的观赏石,就属于这"天地之美"。赏石审美,就是人与自然协调的产物。天地造化,是我们审美的不尽的源泉。

西方对"美"的解释则不同。古代西方美学发端于古希腊。毕达哥拉斯说,美是数与数的和谐;苏格拉底说,美就是合适、有用;柏拉图说,美是客观理念;亚里士多德说,美,是神的目的。而中世纪的圣奥古斯丁说,美是上帝无上的荣耀与光辉;近代的车尔尼雪夫斯基说,美是生活。不同的美学家,对于美这个哲学命题的不同看法就告诉我们,美可以分为内在美和形式美。从园林赏石的角度看,形式美似乎更加重要。毕达哥拉斯关于美的命题——美是数与数的和谐,实际上就是探讨形式美的数学关系。西方世界认为,黄金分割率是形式美产生的数学源泉。

园林是综合性的艺术,园林观赏石也很少孤立地存在。山石要么与水景相依,要么与建筑相伴,要么与花木相掩映。总之,单独存在的石景实在少之又少。因此,诗情画意的景观,需要石景与建筑、水

苏州留园古木交柯（葛楚天摄）

景和植物同构，共同形成动人的画面，并进一步升华为诗情。苏州留园的古木交柯景点，下方为一明式花台，台上正中墙面嵌有"古木交柯"砖匾一方，花台内植有柏树、云南山茶各一，南天竹一株，古石一块，沿阶草若干，仅三树、一台、一匾、一石、数丛沿阶草，就形成一幅耐人寻味的画面。它运用了传统国画中最简练的手法，化有为无，化实为虚，使整个空间显得干净利落、疏朗淡雅。在这里，古石虽是配景，但却必不可少，对画面的形成起到了重要的作用。画面意境被文字点染，成就了诗情，仅"古木交柯"四字，便把景观完整地概括出来了。

五、咫尺山林小中见大

中国园林赏石的另一特点，就是咫尺山林，小中见大。

咫尺山林，就是在园林造景中，把大自然的山水及建筑的精华浓缩在有限的空间内，追求无限的空间感受。小中见大，则是通过园林艺术手法，使本来不大的园林空间在人的感官中被扩大，产生较大空间的效果。园林中常常利用空间组合关系的变化来造成"小中见大"的错觉，如采用园中有园、景中有景的分景手法来创造和扩大空间，即通过园林建筑、园墙、假山、植物等分隔空间，或者利用多种题材进行组景，使空间显其大。

咫尺山林，小中见大，一个典型的例子是苏州的残粒园。残粒园花园的面积约 140 平方米，但水岸石矶、山峦洞窟、建筑植物俱全，是一座具备了完整园林要素的小园。由于园林的面积太小，已经造不出一座山，于是就造了一个山洞来体现山的意味；由于园林的面积太小，也已经建造不出一座完整的建筑，于是就在山洞之上，由邻院的建筑跨过来半间，聊胜于无。山洞之上，有山路登顶建筑；建筑之内，又有楼梯盘旋至其下的山洞。此园林虽小，却像麻雀，五脏六腑俱全，取得了极高的艺术成就。

咫尺山林，小中见大，另一个典型的例子是苏州拙政园的西园。拙政园的中园，建筑林立，山水萦回，而西园却极富山野气息。西园山体不高，却有连绵起伏之势，加上比较淡雅的山石、茂盛的草木，

苏州网师园殿春簃小园中的冷泉亭（葛楚天摄）

营造出了一种山林野韵。西园建筑不多，却用在了提神点睛之处；石头不奇，却营造出了恬淡的意蕴。

苏州园林多亭子，这亭子中却又有许多半亭。苏州网师园殿春簃小园西侧的冷泉亭即一座半亭。半亭可以节约空间，展现意趣。网师园中这座半亭中还放置了一座大型石峰以增添亭子的意蕴，同时还作为庭院的重要对景。石峰实际上起到了小中见大的艺术效果。

有小中见大，还有大中见小。

以北京故宫为例。故宫的皇家建筑群，体量较大，气势磅礴，但是，乾隆花园的建筑，尺度明显较小，与一般民居建筑的尺度差异不大。乾隆花园，园林顺应建筑的尺度，异常精彩；山石之类的体量控制，更是十分精妙，成为大中见小的典范。

再以北京北海为例。北海白塔巍峨壮美，但是，静心斋的用地甚至给人以"狭小"之感。静心斋的山石尺度把控得十分精妙，加之建筑尺度不大，给人以精巧的"大盆景"的感受。

六、源于自然高于自然

说园林源于自然而高于自然，说的是在艺术上，园林较自然更为凝练概括，传达出了美的意蕴。在生态上，园林不可能高于自然。因为自然的演替、群落的结构和功能，已经达到了极致。换言之，自然懂得什么是最好的，人类只能模仿自然的演替和群落的结构和功能，而尚未有能力构造高于自然的演替和群落的结构和功能。

园林赏石也不例外。中国园林赏石在艺术上达到了极高的成就，但无论多高的艺术成就，它都源于自然。首先，园林赏石的材料源于自然。园林赏石的石，是大自然的产物，是大自然取日月之精华而创造出来的。赏石，首先赏的就是石头的自然之美。其次，美的构图来自对自然美的模仿和提炼。人类的美感，产生于适应自然和改造自然的过程之中，是自然使人类懂得了什么是美，懂得了怎样去发掘美，懂得了怎样去创造美。一切形式美法则，都能从自然中找到源泉。最后，景的理论来源于对自然景致的提炼。人类懂得营造园林的方法和理论之后，认识到景的营造是园林的核心，一切审美的、物质的、意象的要素，最终都要落实于造景。而造景的理论和方法，来自对自然景致的提炼和概括，来自人与大地之间的互动，来自人地关系的矛盾运动。

　　源于自然而高于自然的园林赏石的典型，就是园林中石岛的设置。例如，苏州留园中小蓬莱的岛屿设置就极富艺术妙趣。其一，岛屿选址适宜，在水景偏心的位置。如果园林岛屿居于水景正中，则留园中不大的水景被分裁后，空间会立即显得局促起来。其二，岛屿面积适宜。如果太大，则整个园林的山石、水景空间立即会显得局促无神。只有小岛才与全园空间相适应，只有小岛才能生出岛屿的漂浮之感。其三，岛屿高度适宜。如果过高，则其高度与岛屿的体量不相宜，就会失去岛屿的缥缈贴水之感。其四，岛屿上的植物和建筑严格控制了体量，偏小，偏低，否则岛屿的感受会被削弱。在选址、面积、高度及植物和建筑体量的精心控制之下，小蓬莱成为苏州园林石景岛屿构造的典范，源于自然的岛屿，又高于自然的岛屿，在艺术上获得了极高的观赏性。

　　苏州园林窗户框景之中的竹石、蕉石或藤石，是苏州园林中石景营造艺术的高度概括和凝练，于一窗之中可见完美丰富、平衡饱满的画面。其一，景物的平衡与互补。山石和植物在刚与柔中获得景感的平衡。其二，形的平衡。山石的姿态与植物的姿态相互掩映，相得益彰。其三，色的平衡。山石的青灰色与植物的绿色取得平衡。其四，质的平衡。山石的粗糙与植物的细腻取得平衡。其五，韵的平衡。山石与植物，各有其韵律、韵味，并最终在画面中取得平衡。总之，山石与植物在窗景的构建中，相生相克，矛盾运动，最终获得理想的画面。

　　这里捎带说一下，苏州园林建筑中都有狭小的天井。这狭小天井的作用可不一般，它能解决夏季炎热天气时建筑的通风问题，还能解决雨季时建筑的排水问题，最后才是解决景观营造时的造景问题。小天井往往很狭窄，宽的不过一两米，窄的往往只有三五十厘米，要在

这样狭小的空间内构造窗景，实在不是易事。但我们古代的造园师，不但造出了窗景，而且通过植物与山石错落关系的构建，还使这窗景有了前后的纵深感，也就是具有了景深。

　　不单小小天井景观的营造需要景深，在一般园林赏石造景中，景深也是重要的追求目标。怎样在园林赏石中获得景深？主要靠层次的设立，就是把山石和与其配景的水景、建筑、植物，分成近景、中景、远景，分别配置。只有搭配好造园要素的前后关系，才能获得山石的良好景深。这种配置景深的方法，实际上也来自自然。自然景色在人的视野中存在近、中、远景的分别，这是自然景色在人脑中的客观反映。造园只是自然景色的浓缩、概括。中国画论中说"山有三远"，分别是高远、深远和平远。这"三远"理论，实际上也是造园

理石时景深配置的重要指导理论。①

在景石配置中，艺术地再现真山真水是造园者的不懈追求。例如，苏州环秀山庄的假山，山的所有元素俱全，在狭小的空间内，造出了山体、洞穴、悬崖、石室、峡谷、飞瀑等元素。于是，这座山浓缩了山的精华，达到了做假成真的境界，在技术和艺术上，都达到了中国古代园林掇山理石的最高成就。

七、象外之象体验意境

园林意境是指抒情性园林作品所呈现的情景交融、虚实相生、活跃着生命律动的韵味无穷的诗意空间，是园林艺术作品借助形象所达到的一种意蕴和境界②。意境是园林作品抒情性的表现，是园林艺术形象在人内心深处引起的共鸣。一座好的园林，必然存在美的意境，古今中外莫不如是。虽然外国园林没有明确提出"意境"这一词，却也存在某些类似中国园林意境的现象。园林景石之美的深刻性，亦在于景石意境的良好表达与传递。

意境离不开景象，但又远远较景象更为高级和深刻。景象只是客观存在的景物和形象，景象只有上升为艺术形象，引起人深层次的审美感受，才能升华为意境。中国传统园林的题咏，就点明了园林的主题和思想内涵。欣赏者通过"品题"活动，深入把握艺术形象的精神内涵，使之与自己的情感和思想产生共鸣，从而使园林营造者所创造的美感得以再现。欣赏者有的甚至能超越这种美感的再现。只有超越了具体的"象"，才能最终达到园林所表现的深刻意境。例如，苏州留园的揖峰轩，取意宋代朱熹《游百丈山记》中的"前揖庐山，一峰

---

① 高远，自山下仰视山巅；深远，自山前窥视山后；平远，自近山眺望远山。
② 本节参考了陈鹭著《简论园林艺术》。

独秀"。此建筑西有一湖石名"独秀峰",轩前庭院称"石林小院",庭院内有"晚翠""迎晖""段锦""竞爽"等太湖石峰。园主痴石,借用米芾拜石典故,称其轩为"揖峰轩"。揖峰轩建筑为硬山造,外观二间半,实质只有一间半。在这里,石峰的形象已经不甚重要,重要的是米芾拜石"揖峰"的意蕴。于是,从形象到意象,从象内到象外,境界得到了升华。

意境是景、境、情的对立统一的运动关系。景是园林营造的核心内容,园林的营造首先就是要造景。景可以分为两个层面:一是景物,二是景象。景物只是客观的存在,而景象往往只可意会,未必能够言传。古代画意追求气韵的生动,在园林中,也要强调气韵的生动。园林的气韵不仅仅是构图美感的体现,更与时空相联系。例如,"月来满地水,云起一天山"就说明了时空关系对气韵、境界的深刻影响。中国园林所追求的"象外之象",大约也就是如此了。网师园的云冈黄石假山,起名"云冈",意味着这假山的堆石似"堆云",石有"山骨云根",像云朵一样优美,富有气质,于是云冈的境界陡然升华。

境的存在依赖于景,但是境与景又有着根本的区别:景是事物构成的空间形象,境则是景所引起的思想活动。中国古代的"神游",就是境的一种最好的诠释。神游,是指离开了具体的景物,甚至有时只是卧游,由精神世界直接进行"游赏"活动,也能够品味园林的境界乃至意境。因为景是物质的,境是精神的。境是从景产生的想象的空间,是对美景的精神品读。离开了境,就没有园林的深层次的美感,也就没有了意境。境,也可以认为是境界,是通过对景象的品读所获得的对宇宙、对人生的感悟。境界是从具体形象到情的过渡的中间状态和中间层次。境的主观特性决定了不同的人在欣赏同样的景象时,所产生的境是不完全相同的。这也就是所谓的"境界有二,有诗人之境界，有常人之境界"。园林欣赏过程中的境或境界，随着欣赏者艺术修养的不同而不同。大凡成功的园林，无论是园主人还是造园师，都会有比较高的文化和艺术修养，能够营造较高的艺术境界，而高明的欣赏者，也能在园林作品中品读出境界，获得对宇宙人生的感悟。

境的过渡，为的是要生情。只有生情，才能使对园林的品鉴达到一个新的高度。园林作品之所以能感动人，就是因为触景达到了生情的高度。因此，在景、境、情中，生情是意境能达到的最高境界。触景才能生情，但仅仅有景物、景象，或者又升华出了境或者境界，还不一定能够生情。生情，说明人的心灵被园林触动、感动了，达到了最高的艺术境界。

中国园林是景象的高度抽象、概括，这与中国绘画强调写意有关。"芥子纳须弥"就是这种抽象、概括的生动体现。日本的枯山水园林，便是对景象的高度抽象、概括。枯山水园林中，甚至已经没有植物，只几块山石、一片砂砾，却表达了并不平静的"心海"，表达了主观世界的一种意境。

意境既是中国传统美学的重要范畴，又是中国园林审美的重要范畴。中国园林的一个重要特征是画意园林，与中国写意山水画紧密关联。园林的主人，园林的创作者，很多都是画家或者对写意山水画有所研究的人。因此，画意中的意境理论便被园林创作者借用，并在园林营造中发扬光大。画意的提炼与凝缩，又离不开"诗情"，这也就意味着，文学艺术对园林产生了深刻的影响，对园林的意境产生了深刻的影响。

意境理论最先出现在文学创作领域。魏晋南北朝文学创作中有"意象"说和"境界"说。唐代诗人王昌龄和皎然提出了"取境"和"缘境"理论，司空图又提出了"象外之象，景外之景"的创作见解，刘禹锡则说"境生于象外"。到了明、清，围绕着意与境的问题，又展开了新的探讨。明代的朱承爵提出了"意境融彻"的主张。清代诗人叶燮则认为意与境应并重，强调把"抒写胸臆"同"发挥景物"有机地结合起来。近代的王国维则提出了诗词创作中的"有我之境"和"无我之境"这两种不同的审美范式。

意境理论还被广泛地应用于中国绘画领域。①绘画所传达的意境，既不是对客观物象的简单描摹，也不是主观精神世界的随意拼凑，而是主客观世界的对立统一，即画家通过"外师造化，中得心源"的审美创作活动，在自然美和艺术美方面达到高度的和谐统一。齐白石所说的"似与不似之间"，就是对意境的很好的解说，说明了象和象外的对立统一。而园林的意境创造，既然是诗情画意写入园林，那么从一开始，它就与绘画的意境创造密切相关。园林赏石也在似与不似、真与不真之间，也强调画意写入石景，也追求意境的创造与品读。

意境的结构特征是虚实相生，由"虚境"与"实境"两部分组

---

① 早在三国两晋南北朝时期，绘画者就已经开始注重写生，并提出了"澄怀味象""得意忘象"的理论，以及艺术创作旨在"畅神"和"怡情"的思想，这种理论和实践对后来中国的绘画意境构成产生了深刻的影响；唐代张彦远提出了"立意"说；五代山石、水景画家荆浩提出了"真景"说；宋代画家郭熙提出了山石、水景画"重意"的问题，认为创作、鉴赏应当"以意穷之"，并第一次使用了"境界"这样一个概念；至宋、元，文人画兴起和发展起来，特别是苏轼提出了追求"诗画一体"的艺术主张，崇尚表现文人内心世界和文人自我品格的写意画的兴起和发展，使传统绘画从侧重客观世界的简单描摹，转向注重精神世界的主观表现，以情构景、托物言志的创作倾向促进了意境理论和实践的发展；至明、清，关于意境理论的研究，达到了前所未有的高度。意境理论的提出与发展，使中国绘画在审美意识上具备了二重结构：一是客观事物的艺术再现，二是主观精神世界的表现。两者的对立统一构成了中国传统绘画的意境美。

成。虚境是实境的升华，体现实境的意向和目的，体现整个意境的审美效果，处于意境结构中的灵魂、统帅地位。但是，虚境必须产生在实境的基础之上。这种虚实的对立统一，就构成了意境。石景是实境，但它促使人们的内心深处产生出虚境来，这虚境与实境的对立统一，就产生出园林赏石的意境。

既然园林是时间与空间的艺术，那么其意境的创造就离不开时间与空间的对立统一。一方面，园林的意境是空间的意境，另一方面，园林的意境又是时间的意境。园林意境是时空关系对立统一运动所产生出来的意境。

先说空间。空间既是艺术形象，也就是园林景象的载体，又是人们欣赏园林时所处的情境。空间是三维的。绘画艺术是二维平面艺术，而建筑、园林、雕塑则是三维空间艺术。人在园林空间中活动，由空间提供观赏路线变化的可能性。观赏三维的园林空间，看到的是园林的景象或者景物，欣赏的是园林的意象或者境界。中国园林的空间极其复杂，观赏路线的排列组合丰富多样，构成了"循环往复，以至无穷"的园路体系，构成了欣赏过程中空间的复杂性。例如，苏州留园的揖峰轩、石林小院这组园林建筑，面积并不大，却构造出了极其繁复的空间组合与变化，产生了一组十分有韵味的空间。其中的园林石景繁复而多变，构成复杂的审美意象，最终产生美的境界。又如，苏州狮子林的假山，其观赏路线的组合达9种，在有限的空间内创造了极富变化的空间效果。

再说时间。时间对于建筑和雕塑，一般不具有变化性。虽然岁月洗涤，会使建筑和雕塑留下斑斑驳驳的印记，但欣赏它们，并不强调时间的变化。园林则不然。园林的历时性特点是园林意境创造的重要因素。园林中的植物、动物，四时、四季皆有变化，春花、夏雨、秋月、冬雪，整个园林就在时间的变化之中变化。因此，许多园林景点的景物、景观，都是随着一年四季、一日四时不断发生变化的。园林情境、意境也随之发生变化。变化有两种：一是植物季相变化，二是天气四时变化。关于植物季相变化，例如：苏州拙政园的雪香云蔚亭欣赏的是早春白色梅花开放似雪时的景观，荷风四面亭欣赏的是夏天荷花开放时的景色。关于天气四时变化，例如：苏州拙政园的听雨轩是专为在雨中静心聆听大自然动人的声响而设置的，承德避暑山庄的锤峰落照欣赏的是晚霞中磬锤峰的景色，等等。

总体上，空间与时间的对立统一运动是构成园林意境的重要渠道。应最大限度地展现园林的时空境象，使作品中有限的空间和境象，幻化为蕴含无限大千世界的艺术境界。

园林的时间特性决定了，同一处景点、同一个空间，在不同的时间里，所产生的意境是不同的。因此，欣赏园林，存在"最佳意境"问题。"最佳意境"往往是可遇而不可求的。例如，苏州拙政园冬雪时，景色很美，意境极佳，却还不是最佳意境，这时在香洲里，点燃几盏油灯，灯光在雪野中泛出温暖的光，才构成最佳意境。苏州狮子林中的景石，以雾中观赏时最富意趣。

园林意境，包含了意境的创作和意境的欣赏两个过程，也就是包含了艺术表现的过程和艺术再现的过程。

园林意境的艺术创作或艺术表现的过程，要求造园者有丰富的审美经验，能将所要表现的意境，在自己的园林作品中充分表现出来。园林意境的艺术欣赏或艺术再现的过程，要求欣赏者有高深的文化素养，能"读懂"造园者所要表现的意境。不同的欣赏者欣赏同一个园林的时候，会因为各自不同的文化背景、宗教信仰、审美情趣等而产生不同的感受，也会因为天气的变化、季节的不同而产生不同的感

受，这就构成了园林欣赏的复杂性。对于意境的欣赏，要求欣赏者自身具有较高的文学艺术修养，能够较好地再现园林的意境。例如，上海豫园的镇园名石玉玲珑，极富美感，又有难得的巨大尺度，石上沟壑纵横，孔洞环生，"玉玲珑"三字，就能使观赏者心中再现石的强烈美感与意境。

问名和品题是重要的阐发意境的方法。通过问名和品题，可以使景象得以阐发，升华为意境。通过问名和品题，本来意境比较一般的景色，可以上升为意境较为高远的景色。例如，安徽黄山上一块形似毛笔笔尖的巨石上，生出了一株不大的黄山松，被命名为"梦笔生花"，这一命名使本来很平常的景物，上升为具有意境的景物。又如，黄山北海有石猴，俗称"猴子观海"，但因石猴正对远处的太平县，于是将其改名为"石猴望太平"，境界陡然提高了。园林中的这种通过问名和品题提升境界的例子比比皆是。例如，苏州拙政园的与谁同坐轩，与谁同坐呢？我与清风明月同坐。一下子，一个普通的扇面亭，就被赋予了十分高远的意境。又如，杭州孤山的放鹤亭本来是一座十分普通的亭子，但有了"放鹤"这两个字，就点明了一段典故：宋代诗人林逋在这里植梅花、放仙鹤，爱梅花和仙鹤到了极致，将梅花当作自己的妻子，将仙鹤当作自己的儿子。著名的"梅妻鹤子"典故使亭子和亭子周围的景观得到了升华，成为孤山重要的一景，并被赋予了很高的境界。还如，昆明滇池的大观楼只是一座普通的楼阁建筑，有了孙髯翁180字的大观楼长联，整个大观楼的境界就得到了提升。这些例子，说明了文字在意境创造中的重要作用。中国是诗和画合一的国度。园林仅有动人的画面是不够的，必须配以诗文，才能充分展现园林的意境。石的意境也离不开诗画，能在诗画中得以升华。

中国园林有意境，西方园林是否也有意境呢？应当说，"意境"

一词的确为中国美学所独创。西方美学范畴中虽然没有明确提出"意境"一词，但是不能因此认定西方根本就不存在中国美学范畴中被称为"意境"的东西。西方园林明显具有与中国园林不同的审美体验，但也不乏意境，而且这种审美体验在不同之中也存在相通之处。

中国园林的意境是中国园林的重要特征之一。把诗情画意写入园林几乎是每一位造园家对每一座园林的追求。园林中大量的匾额、楹联，都是对园林内涵的深入阐释。对园林的题目进行品味和阐释，可以把一个个具体的景物和景象升华为具有文化内涵的园林审美的对象。

园林追求意境，景石更离不开意境。景石，在园林四要素——建筑、水景、山石、植物中，是最具抽象性、概括性的景观要素。北京北海快雪堂前的湖石假山上刻有乾隆御书"云起"二字，实际上就是山石如朵朵白云的抽象概括。山石是实境，厚重而坚硬，云朵是虚境，轻柔而绵软，两者本来区别很大，甚至完全对立，却通过审美的高度联想，被联系在一起。把山石和云朵联系在一起的意象，大概只有中国人的文化中才有，只有中国人的意境中才有。但这从形象到意象的流变，恰恰是中国文化追求象外之象的深刻表达。在北海的濠濮间有两款匾额"壶中云石"①"云岫"②，在琼岛牌坊上亦有匾额"堆云"③，它们都是把山石与云结合在一起了。

---

① 濠濮间水榭檐下两侧有一副对联，上联"半山晨气林炯沍"，下联"一枕松声涧水鸣"。水榭内悬挂匾额"壶中云石"。两侧抱柱楹联为"山参常静云参动，跃有潜鱼飞有鸢"。所谓"壶中"，既是对古来神仙境界中的"壶中天地"的隐喻，同时，用"壶中"境界表达这种"片山勺水"的抽象山石、水景意境，也是再贴切不过的。

② 指云雾缭绕的峰峦。晋代陶潜《归去来兮辞》曰："云无心以出岫。"后因此句而用"云岫"指云雾缭绕的峰峦。如唐代李显《石淙》诗："霞衣霞锦千般状，云峰云岫百重生。"宋代苏轼《归去来集字十首·云岫不知远》："云岫不知远，巾车行复前。"宋代辛弃疾《行香子·云岩道中》词："云岫如簪，野涨挼蓝。"

③ 一说指云朵朵儿密集。笔者认为是指山上的堆石如密集的云朵。

品象外之象

八、园林赏石紧随时代

只有笔墨追随时代,艺术才能不断发展。中国赏石的历史,就是随着时代变迁而不断变化和发展的历史。进入现代社会,人们的审美、文化、价值观念都在变化,赏石也面临时代化的问题。所有艺术的审美都在变,赏石当然也不能独步世外。现在,历史的接力棒传到了我们的手里,园林赏石艺术的时代化,将要交出怎样的答卷?

首先要搞清古今赏石审美的关系。我们认为它是一个向历史兼容和向未来扩展的关系。这就是说，新的审美观总是涵括了旧的审美观，从而使审美的范畴不断扩展。这里我想举音乐的例子。过去，一些和弦被古典音乐认为是不和谐的，但许多过去被认为不和谐的和弦，在今天的音乐中又被认为是和谐的。于是，今天的人们，不仅欣赏古典音乐，也欣赏现代音乐。于是音乐的审美范畴就拓展了。赏石也不例外。古典的观赏石，我们仍然欣赏，现代的观赏石，我们也欣赏，于是就做到了赏石审美的向历史兼容和向未来扩展。

过去一说赏石，就是瘦、绉、漏、透，就是云头、雨脚、美人腰。现在不是要否定这些既有的赏石审美规律，而是要在赏石发展的过程中形成新的审美观、新的价值观，并使之叠加在旧有的赏石观上。中国山水画的审美，自宋元之后，由高远转向平远。赏石审美，也由立石转向卧石。今天，除了以四大名石为代表的古典赏石仍然追求壁立千仞的境界外，许多新的石种更强调的是平远之美。总起来看，只要美就行，尊重审美的多样性，不强调审美的单一性。总之，观赏石审美的多样化已经不可逆转，观赏石的审美需要求新求变。

环境变了，与环境相结合的观赏石搭配也必然发生改变。现代的城市、现代的建筑、现代的园林景观，都要求观赏石与环境相适应。要在继承传统赏石审美的基础上，发展与当代环境相适应的当代赏石审美。北京银河 SOHO，扎哈的设计作品，却还要用太湖石和它配，不协调了呀！倒是摩尔石之类，与它还能相配。所以当代赏石，一定要与当代建筑、当代园林、当代城市的环境相协调，根据环境来搭配观赏石。同时，也要为杰出的观赏石来搭配环境，环境也要随着观赏石的发展变化而发展变化。

总而言之，园林赏石艺术要与时俱进。

北京三里屯某餐厅园林观赏石

结　语

　　前辈园林艺术家们，在赏石的艺术、技术、文化层面，对园林赏石进行过探索、注释、考辨，并在此基础上，做出了园林赏石学科建设的开拓性贡献。笔者在认真研读前辈学者著作的基础上，试图梳理其整体脉络，构建其体系，以使园林赏石的学科体系初见端倪。在这些初步探索、思考的基础上，本书能够形成一个大致的有关园林赏石学科体系的样貌。这既是园林大体系建设的一个组成部分，更是中国观赏石体系建设的重要一翼。在此，笔者做如下考量：

　　一是在赏石学和园林学中，尽快构建交叉学科"园林赏石学"。

　　在园林学学科中，园林植物学、园林建筑学学科均已构建，连偏于一隅的盆景学，亦已独立成学，但园林赏石学却远未完成构建。究其原因，有二：一是赏石学成学较晚，一直以来，对赏石缺乏系统的研究；二是在园林学中，赏石属于杂项，一直未能开展系统的研究。建议在今天赏石学已经初步成学的基础上，将赏石与园林结合起来，构建园林赏石学的学科体系。

　　二是构建园林赏石学的研究方法。

　　要把精确评价和模糊评价完满地结合在一起，把定量评价和定性评价完满地结合在一起，把分析和综合完满地结合在一起。园林赏石

的评价有没有客观的标准？有。其鉴评标准带有极其强烈的客观性。可是这客观标准寓于主观评价之中，是主观形式和客观内容的辩证统一。园林赏石学实际上就是以审美评价为核心的，一系列的关于赏石在园林中应用的学问。

三是普及园林赏石教育。

现在存在着这样一个盲区：园林赏石究竟如何讲授，搞园林的、搞赏石的都不知如何下手。这就需要在学科构建、研究方法构建的基础上，形成园林赏石教育体系，普及园林赏石知识，开展园林赏石教育工作，使园林赏石学真正逐步进入课堂。

将这本小书《园林赏石艺术初论》完成并出版，求教于各位读者、专家，希望能以自己绵薄之力，与大家一起，推动"园林赏石学"的学科建立，推广园林赏石的研究工作，推进园林赏石的教育事业。

感谢赏石界前辈的启发，感谢葛楚天先生拍摄了精美的插图。

限于笔者学力，书中一定还有许多不尽如人意之处，恳请读者、专家批评指正。